U0258951

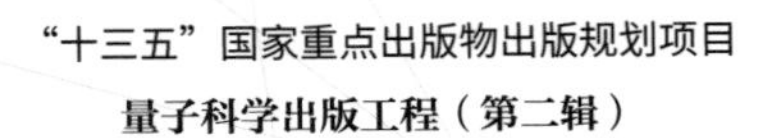
"十三五"国家重点出版物出版规划项目
量子科学出版工程（第二辑）

Reflecting on the Past Chinese Thoughts in the Light of the Present Quantum Theory

范洪义 著

抚今追昔 话量子

中国科学技术大学出版社

内容简介

1900年普朗克引入能量子的概念，突破了经典物理的局限，给黑体辐射谱以崭新的解释，此举奠基了量子论，使得人们逐渐知道自己生活在量子世界里.本书作者基于自己50多年来的量子力学研究成果和累积的中国文史知识，抚今追昔，以中国古贤群体的物我认识论和智慧，重新梳理量子论的发展脉络，发现他们早就蕴有能作为量子论生息的温床的思想，这些宝贵的学术财富非经充分挖掘和整理不能彰显于世.现经作者历数年之艰辛写作，特向物理学界、史学界和文学界志士同仁推荐，从一个新的视角来领会量子论，易与生活常识接轨而不陷于突兀，以提高国民的文、理学术素养.

图书在版编目(CIP)数据

抚今追昔话量子/范洪义著.—合肥:中国科学技术大学出版社，2021.1
(量子科学出版工程.第二辑)
国家出版基金项目
“十三五”国家重点出版物出版规划项目
ISBN 978-7-312-04996-5

Ⅰ.抚…　Ⅱ.范…　Ⅲ.量子论—青少年读物　Ⅳ.O413-49

中国版本图书馆CIP数据核字(2020)第117654号

抚今追昔话量子
FUJIN-ZHUIXI HUA LIANGZI

出版　中国科学技术大学出版社
安徽省合肥市金寨路96号，230026
http://press.ustc.edu.cn
https://zgkxjsdxcbs.tmall.com
印刷　合肥华苑印刷包装有限公司
发行　中国科学技术大学出版社
经销　全国新华书店
开本　787 mm×1092 mm　1/16
印张　11.5
字数　238千
版次　2021年1月第1版
印次　2021年1月第1次印刷
定价　70.00元

目录

引子

不知不觉……我们就把认知主体从我们力求理解的自然的领域内排除了. 我们变到一个旁观者的角色, 不属于这个世界, 而通过这一手法, 这个世界就变成一个客观的世界. (我们的) 科学是建立在客观化的基础上的, 依靠这个, 科学就把自己同……对心灵的适当理解割裂开来. 但是我的确相信, 这正是我们现在的思维方式需要修补的地方, 也许得从东方的思想输血.

——薛定谔, 转引自《Mind and Matter》

量子的引入先是普朗克在 1900 年为理论 "凑合" 黑体辐射实验曲线的无奈之举 (曲线拟合), 然此举如招幡令旗, 呼风唤雨, 聚溪成流, 乘奔御风, 终成今日量子流行的漫山遍野之势, 是汇集几个能人的灵思而相辅相成, 还是时势造英雄? 量子的时髦, 自然引来众说纷纭, 唯在量子园地里 "种过树" 的人才可能有较深刻的体会. 笔者历经 50 多年的理论探索, 对发展量子力学略有建树, 如何结合中国古贤 (庄子、王阳明、罗钦顺、王夫之、袁宏道等) 的思辨, 以较好地理解量子论, 抚今追昔, 是本书的宗旨. 书中既回顾与尊重西方创建量子力学的历史与人物, 也以此衬托中国古贤人的理学思想之超前和可取之处，以使古贤的基本信仰为今人所参考，绝非泥古套生，一一相绳. 本书从人们身边的宏观量子现象讲起，夹叙夹议与量子力学发展有关的中西方理性思维. 书的后半部简介笔者提出的狄拉克符号的积分理论以发展量子力学的思路，以及解读量子力学的自家之言，浅而能深，直而能曲，引人入胜. 本书有利于量子实验家和理论家从认识论方面提高素质，也适合一切对量子感兴趣的人作为入门书阅读.

大学者胡适把墨子列为中国历史上十大名人之第三，位于老子和孔子后. 他写道："《墨子》的《经》上下、《经说》上下、《大取》、《小取》六篇，从鲁胜以后，几乎无人研究. 到了近几十年之中，有些人懂得几何算学了，方才知道那几篇里有几何算学、光学、力学的道理. 到了今日，这几篇两千年没人过问的书，竟成了中国古代的第一部奇书了."

近代教育家蔡元培先生十分赞赏胡适的做法，主张东西文明要媒合. 他说："媒合的方法，必先要领得西洋科学的精神，然而用它来整理中国的旧学说，才能发生一种新义. 如墨子的名学，不是曾经研究西洋名学的胡适君，不能看得十分透彻，就是证据. 孔子的人生哲学与教育学，不是曾经研究西洋人生哲学与教育学的，也决不能十分透彻……" 他又举例道："孔子说'学而不思则罔，思而不学则殆'，这就是经验与思想并重的意义；孔子说的'多闻阙义，慎言其余，多见阙殆，慎行其余'，这就是试验的意思."

蔡先生的这番话启迪笔者从昔日之箧笥中搜寻和解读（哪怕是部分地）西方创建量子力学的历史人物的睿智与中国古代贤人思想之间的联系，用不逾矩的想象力去理解和连贯它们.

蔡元培先生曾用过的砚台

2018 年, 笔者和吴泽出版了《物理感觉启蒙读本》这本书, 指出客观事物具有一定的属性, 如冷热、气味、颜色、味道、软硬等, 事物的这些个别属性对人的感觉器官的作用反映到大脑就是感觉. 感觉是大脑反映现实的最简单的心理过程. 只有当对感觉赋予物理概念并在记忆中相对稳定下来变为心官所能知时, 才可以说是有象有物、有精有信的物理感觉. 那为什么人类长时期对量子没有感觉呢?

笔者曾问过不少学过量子力学的人, 如果不是暴晒, 为什么太阳晒不死人（这是一种感觉）? 却未得到过他们正确的一语中的的回答. 说明他们没有结合生活实际学量子力学, 也说明以往写量子力学科普的也没有涉及这个貌似简单的问题. 其实, 越是寻常的、司空见惯的问题越是不好回答, 例如什么是光?

量子物理是别出心裁的、类似于"碰运气"的文化. 为何如此说呢? 其一, 量子世界发生的自然事件是概率性的; 其二, 不能同时精确描述互为牵制的两个物理量（以算符表征, 排序不可交换）. 本书作者将其概括为"算符排序缠不休, 同时观察象模糊".

算符排序有先有后告诫我们不能同时"睁开双眼"观察, 如若不然, 那么看到的东西（象）必然是靠碰运气发现的、模糊的、统计性的. 例如, 先测微观粒子的动量 p 和先测其坐标 q 的结果不同. 这说明测 q 时影响 p, 测 p 时影响 q. 形象地说, 一个人能用 p 眼看世界, 也能用 q 眼看世界, 然而当他同时睁开双眼, 他就会目眩了.

我国古代早就记载了"目不能两视而明", 即双眼可以同时看清一物, 却不能看清两物. 古人又说"厌目而视者, 视一以为两", 意思是用手按眼睛, 使得眼球变形, 此举使得一个物体就被看成了两个.

这又使笔者想起中国古代楚汉相争时期的西楚霸王项羽, 人说他是重瞳. 清代有个叫孙枝蔚的人写了一首诗:

围棋多眼始称雄, 独眼如何论守攻.

不是范增偏为楚, 原来项羽亦重瞳.

据说重瞳是指有两个瞳孔 (眼睛里的黑色小点), 代表人物有仓颉、虞舜、姬重耳、项羽等. 余未曾得见, 重瞳者是否能避免上述的目眩, 余未知也.

中国古代哲人的智慧对于心象建立的顺序也有讲究, 有人问五代宋朝时期的陈抟先生: "睡亦有道乎?" 先生答曰: "有道. 凡人之睡也, 先睡目, 后睡心; 吾之睡也, 先睡心, 后睡目. 凡人之醒也, 先醒心, 后醒目; 吾之醒也, 先醒目, 后醒心. 心醒, 因见心, 乃见世. 心睡, 不见世, 并不见心." 说明睡心和睡目两者的次序不可交换.

关于"醒", 他又说: "凡人于梦处醒, 故醒不醒. 吾心于醒处梦, 故梦不梦. 故善吾醒, 乃所以善吾睡; 善吾睡, 乃所以善吾醒."

理解这些话, 对于理解量子力学的算符排序有帮助. 例如, 我们可以把目观和心观看成两个力学量（算符）, 也可以将睡心和睡目看作两个操作, 按陈抟的说法, 它俩是不

山东青州陈抟睡眠石像（孟祥国摄）

可交换的, 有先后顺序, 睡眠的效率不同. 善睡可以善醒.

一百年来, 尽管量子理论的应用已经无处不在, 但无人能完全彻底地弄懂它. 而且西方不时地有大物理学家对量子物理诘数愆尤, 间作激宕. 相顾中华民族悠久的历史长河, 智者累出, 作者因此相信, 古人的思维中必有适合认知量子论的精神财富. 了解这些思想, 也许对量子力学内容不会觉得太突兀. 例如, 量子力学先驱尼尔斯•玻尔就认为中国的太极图可以反映互补原理, 并将它作为家族的族徽; 又如, 有太极概念的人会很容易接受物质的波粒二象性. 所以, 尽管中华传统文化没有直接萌生量子力学, 首创量子力学的西方人也未曾学过儒、释、道, 但本书作者还是抱着一点希望, 试图从中国古代思想家的论著中探寻出与量子力学创建者同声共气的东西, 或是用物理学家的睿智去注释他们的言论. 作者这样做当然不是望文生义、将自己"吊死"在古人讲过和写过的言论"树"下, 也不是穿凿附会、指秫黍以为酒, 而是为了宣扬中华文化之精髓, 显突先人精辟妙句的睿智. 实际上, 在量子理论的早期, 许多西方物理学家（包括薛定谔）就发现, 微观世界的量子实在无法摆脱地跟宏观仪器缠绕在一起, 离开了同整体的关系, 部分是没有意义的, 而部分和整体的量子概念与中国先贤关于自然界的统一和谐的思想（西方人称之为东方神秘主义）十分相似.

物理的基础是实验, 西方有的物理学家认为哲学是在物理学家披荆斩棘探究出自然规律的成果基础上的说三道四, 物理学是先于哲学的. 例如, 物理学家狄拉克就对哲学不感兴趣, 他曾反问拿哲学说事的人, 你这里面有方程吗? 费曼的观点也是如此, 认为哲学认知论是后于物理实验的东西. 当然, 西方也有始终夹杂哲学来研究物理的学者.

然而, 中国的先贤思想中确有适应于物理认知的东西, 尽管他们不是物理学家, 也不是哲学家. 例如, 《周易•系辞上》就写有: "夫《易》, 圣人之所以极深而研几也." 这里的研意为研究, 几意为细微. 极深研几的释义是指探讨研究事物的深奥隐微之处. 明代万历年间有个叫薛侃的人认为: “感物非几弗通……学者审几……一有萌焉必觉也, 一有觉焉必充其善, 去其不善, 是之谓研几.” 薛侃之后不久, 明末清初的安徽人方以智更明确指出 “质测即藏通几”, 他身体力行, 写出《通雅》和《物理小识》.

研几之过程, 必经历萌、觉而达到善, 在萌与觉之间有恍惚. 老子的思想中就有 “道之为物, 惟恍惟惚, 惚兮恍兮, 其中有象, 恍兮惚兮, 其中有物”. 对于无时无处不存在的理, 人只能存于去感悟, 并与具体事物去对应, 去校验, 去辨真伪.

明代有人问王阳明（1472—1528）: “格物于动处用功否？”

答: “格物无间动静, 静亦物也. 孟子谓 ‘必有事焉’, 是动静皆有事.”

据笔者看, 他的回答中蕴含着一切惯性系等价的思想！他把所有惯性系, 不论动与静, 视为同一. 这表明王阳明并不是一位简单的唯心论者. 读者诸公, 千万别以为在下是牵强附会, 要知道王氏是很睿智的呀！他甚至也批评过朱熹.

有人这样问道: “晦庵先生（朱熹）曰: ‘人之所以为学者, 心与理而已. ’ 此语如何？”

先生曰: “心即性, 性即理, 下一 ‘与’ 字, 恐未免为二. 此在学者善观之.”

（译文: 有人问: “朱熹先生说: ‘人之所以为学, 不过是心与天理而已. ’ 此话如何理解？”

先生说: “心就是性, 性就是天理, 加了个 ‘与’ 字, 未免将它们分为两个了. 这就在于学者是否善于观察.”）

会心处不在远

从量子力学的现状和发展史看, 研究量子力学就应该如王阳明主张的观察者与客体系统的不可割裂, 这里的 “与” 字也别扭.

王阳明还悟到了 “天下之物本无可格者, 其格物之功, 只在己身心上做”（《传习录》下）, “心虽不以无物无, 然必以有物有”, 这是他的一个基本信仰.

然而, 当时也有学者跟王阳明持异议, 如罗钦顺（1465—1547）. 他认为 “格物之功只在己身心上做” 是片面的, 事物的理并不完全是由自身的良知通过格物油然而生的. 他改造了朱熹的格物致知说, 指出格物是格天下之物, 不只是格此心; 穷理是穷天下事物之理, 不只是穷心中之理. 主张 “资于外求”, 达到 “通彻无间”、内外合一（即找到规律, 如牛顿的观点）的境界. 他写道: “格物之义……当为万物无疑. 人之有心, 固然亦是一物, 然专以格物为格此心则不可.” 这值得量子力学学者玩味.

另一位王先生（王夫之, 1619—1692）在《尚书引义》中写道: “以为绝物之待而无不可者曰: ‘物非待我也, 我见为待而物遂待也. 执我以为物之待而我碍, 执物以为待我而物亦碍. ' " 这很深刻, 值得学习量子论的人深思旁证 (见下) .

近代思想家梁启超曾写道: "中国学问界, 是千年未开的矿穴, 矿苗异常丰富, 但非我们亲自绞脑筋、绞汗水, 却开不出来."

如今"开矿"的, 不是文学家或史学家, 而是物理学家, 眼前显现的风光便不同. 本书作者将绞尽物理脑筋, 披沙沥金, 在历史文献中博采适合量子物理研究的思想和方法的论述, 在理解的基础上加以系统的整理. 例如, 如今物理学家承认的人的观察会影响观察对象的状态、客体的行为方式取决于人们采取的探索方式的思想等, 早在明代的王阳明或更早些时候中国古人的脑中就酝酿了.

胡适曾引用清代乾隆年间的学者章学诚 (1738—1800) 警告当时的学术界所言: "近日学者风气, 征实太多, 发挥太少, 有如蚕食叶而不能抽丝." 所以, 本书也讲到笔者在量子论基础研究方面的若干见解, 如从光的不生不灭引论量子力学.

物理的文化不仅仅是写科普著作, 而是反映改变人的思维方式和生活方式的进程, 臻美到认知深刻的境界. 这样的任务文学家不能胜任, 而物理学家责无旁贷. 另一方面, 当物理基础理论尚不完善时, 就是十分睿智的哲学家也不能指引物理的发展方向, 如中国古代的老子, 虽然他说出自然界之特点是: "其上不皦, 其下不昧, 绳绳不可名, 复归于无物. 是谓无状之状, 无物之象, 是谓惚恍. 迎之不见其首, 随之不见其后. " 但可惜的是, 老子之后至近代没有国人身体力行做系统的实验去研究, 倒是意大利的伽利略开创并践行了物理实验结合理论的科学探索. 而牛顿在他的《自然哲学的数学原理》中更是强调了他的研究方法——从实验中找出物体的普遍属性.

回顾量子力学的诞生, 是普朗克于 1900 年在黑体辐射实验结果的基础上, 为调和高频区-低频区的辐射能分布实验曲线的自洽而"拟合"的结果, 他独具慧眼找到了经典热辐射理论中"别扭"的地方, 其"灵想寂与造化通, 幽襟独写溪山照", 破天荒地提出了量子假说, 这是物理学历史上的"柳暗花明又一村". 只有物理探索路上的"行脚僧"自己才知道这只鞋是在哪里夹脚的. 以后, 西方几位天才物理学家发挥其自由意志创造力从几个方面发展和应用普朗克的理论, 所以我们在学习这门学科时宜了解他们各自的科学思维.

爱因斯坦说: "科学家读自然之书必须由他自己来寻找答案, 他不能像某些无耐心的读者在读侦探小说时所常做的那样, 翻到书末先去看最后的结局. 在这里, 他既是读者, 又是侦探, 他得找寻和解释 (哪怕是部分地) 各个事件之间的联系. 即使是为了得到这个问题部分的解决, 科学家也必须搜集漫无秩序出现的事件, 并且用创造性的想象力去理解和连贯它们."

在 20 世纪末撰写量子力学书 (不管是教材还是专著) 的作者都认为量子力学的理论框架已经完全定型, 甚至常见的具体问题都已经有了典型和标准的处理方法. 走进图书馆，量子力学书籍，名流硕彦之著述，搜罗殆遍，却大同小异．要想从现有的书中尝新意、得秘帙似乎不可能了．可是学术界没有想到笔者这个“出生微寒”的中国人在量子力学的数理基础方面居然想出了有序算符内积分方法（the Method of Integration Within Ordered Product of Operators，简称 IWOP 方法)，发展和丰富了狄拉克的以 ket-bra 符号为基本单元的符号法，使得量子力学的理论框架可以更深刻地被阐述，于是不少具体问题有了新的处理方法，更有许多新课题应运而生．这着实在宁静的水面上泛起了一阵涟漪．江西师范大学的胡利云教授说，若不是范洪义发明了这一发展量子论的新途径，恐怕在一百年后也没人想得到．西方著名物理学家做梦也没想到这个名不见经传的中国人在发展狄拉克的符号法方面独辟蹊径，引领潮头．他们中甚至有人向中国留学生打听范洪义的背景，此何许人也．我国理论物理学的引路人、“两弹一星”元勋彭桓武先生和于敏先生也因此而认识了范洪义．

在某种意义上，物理是一种多元的描述自然的学问，寻求规律可谓劈空抓阄，故它在理性思维上高于普通文学．这就是为什么物理学家要在认识论上下点功夫，不至于误入歧途或随心所欲地解释．换言之，物理学家，尤其是搞理论的，要有基本信仰．如爱因斯坦不相信上帝是投掷骰子的，但相信自然界是可以被认识的．玻尔宣称：物理学不告诉我们世界是什么，而是告诉我们关于世界我们能够谈论什么．

这个观点，我国宋代的程颢（1032—1085，号明道先生）早就这样表达过：“天者，理也．神者，妙万物而为言者也.”他指出人只是世间万物之理的描述者而已．

笔者在本书中也从一个新的视角（即从光子的产生-湮灭机制）来谈量子力学的必然．此“不生不灭”的理念与人们的生活常识接轨，并不显于突兀．

物理学家狄拉克指出，伟大的物理学家如牛顿和爱因斯坦是靠基本信仰“从上到下”推导出一些大自然的定律的．狄拉克自己的信仰是相信方程的美有时比实验结果更重要，因为实验会有误差．而中国古代贤人治学也有基本信仰，例如，王夫之认为“圣人之知，智足以周物而非不虑也”，这就值得我们去了解、研究．

然笔者不是哲学家，在物理学识的领会方面毕竟是“袜线短才瓮天小见，学疏陋术鸠拙自惭”，对于浩瀚如烟的量子力学发展史还只是“宫墙数仞，不得其门终外望”者，不当之处，还望四方读者批评、海涵．行文至此，我想到了我国理论物理界前辈彭桓武先生，他曾和玻恩、薛定谔共事，是我国“两弹一星”功勋奖章获得者，也是我晋升教授的评定人，如果他仍健在，我一定将此书稿敬献到他的书案上．

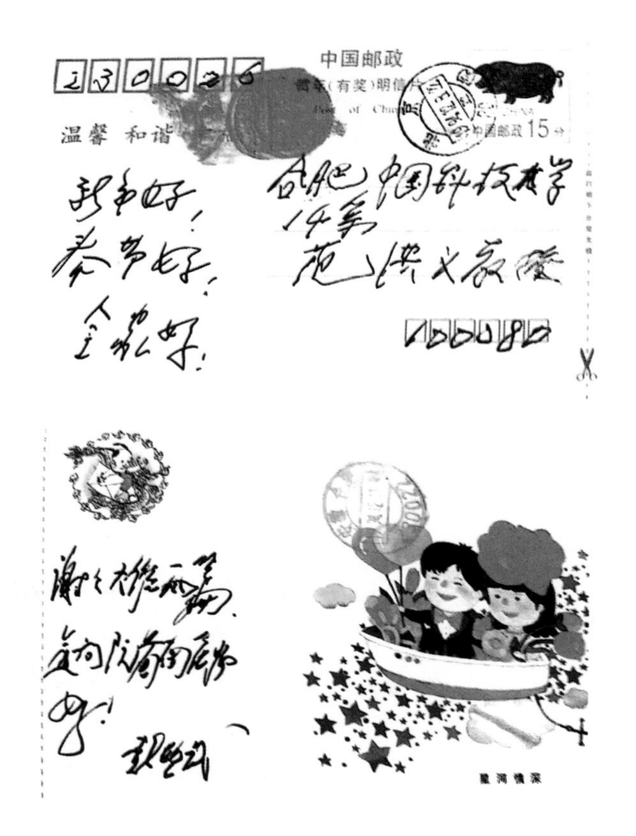

彭桓武先生1994年寄给笔者的新年贺卡

话说量子力学宜介绍科学思维

古人云："城有时而为湖，海有时而成田，固有非常之变，乌可以常理测彼昊天！"相对于宏纲已具的牛顿力学而言，量子力学便是不合常理的学问. 随着时代的进步，宏观量子现象不断呈现，量子论的应用硕果在现实生活中已经无处不在，想了解它的人日趋增多，有关量子的话语不胫而走，量子论的基本概念迟早要"飞入寻常百姓家"而渐渐家喻户晓. 但是量子现象（诸如太阳辐射、光电效应和亮线光谱等）是不能用经典力学解释的，这就给人以高深莫测之感（诡异），加之量子理论本身又较抽象，使得不少学人视为畏途. 量子物理先驱玻尔曾说，"谁要是不为量子论困惑是不可能的". 天才物理学家费曼也曾无可奈何地说过："没有一个人懂量子力学，我认为这样说并不冒风险，要是你有可能避开的话，就不要老是问自己'怎么会是那个样子的呢？'……"费曼的话可以用我国东晋时期陶渊明的诗句"此中有真意，欲辩已忘言"来概括. 那么问题就来了，既然量子力学的大师们尚且昏昏、浑浑，常人又如何能在学量子力学时明明、昭昭呢？

其实讲授量子力学不但是授予知识，还应该讲点科学思维. 即量子力学从思维学的角度又该怎样论述？不注重思维方式的讲授，学生就不知道量子力学这座高楼大厦是如何建起来的.

一棵百年松树，从它的东边看像一条游龙蜿蜒，而从南边看像一只孔雀展翅. 一个人也是如此，从不同的角度看，丑美不同，所以肖像画家主张画人寻找最能表现此人气质的一面. 研究量子力学也是如此，量子力学理论能有今天这样的深邃和宏大，是若干位物理大师各自独到的科学思维交融的结晶. 大师们从多个不同的角度审视微观世界的实验现象，他们不但给出了知识，也提供了科学思维的模式. 众所周知，海森伯和薛定谔的思维方式不同，分别造就了矩阵力学和波动力学. 狄拉克的思维与他们又不同，成就了量子力学的符号法. 爱因斯坦的思维模式与以玻尔为代表的哥本哈根学派的不同，“推波助澜”了量子纠缠理论的争端. 费曼从作用量的角度着力于路径积分的理论，而笔者另辟蹊径提出量子力学狄拉克符号的算符积分理论和表象在正规乘积内的正态分布形式，推陈出新，有别开生面、从悟到通之功效.

笔者发现，中国古代先贤的思辨中已经有了符合量子论研究的思想萌芽，这是可以滋养量子论的“温床”. 如果我们认真思考并深入理解这些先贤的言论，对于领会当下的量子论无疑有所裨益. 量子力学之父玻尔就很重视中国古代先贤的宇宙观，1947 年被授勋时，他选择了太极图作为礼仪罩袍的图案，表明我国古代文明与西方现代科学之间也存在一些共同点.

玻尔尚且关注我国古代文明，国人就更有理由承袭祖先的精神财富. 本书力争较深刻地介绍古贤的自然观，顺应东、西方科学精神交融互补、相互启迪的潮流.

关于本书的内容，笔者无意用西方科学方法所获得的知识框架和公理去重新解读中国古人的经典，采取“对号入座”，颇费心机地拿现在的物理知识去牵强附会地对应古人的论述；或是抓住古文中的只言片语，测字猜谜式地从中“索”出所“隐”的物理定理的考证方法，比附如今成熟的物理知识. 这种索隐的做法于事无补，必须杜绝. 要知道中国古代并没有系统的研究物理的手段，而那是西方伽利略开的先河.

致力于将中国先贤所阐述的思辨之理与近代物理的研究历史和现状作一比较，可以认识到先贤的睿智. 例如，王夫之认为的“古之圣人治心之法，不倚于一事而为万事之枢，不逐于一物而为万物之宰”，与牛顿的“分析 → 综合”方法可有一比. 牛顿在《原理》中说：“在自然科学里，应该像在数学里一样，在研究困难的事物时，总是应当先用分析的方法，然后才用综合的方法……一般地说，从结果到原因，从特殊原因到普遍原因，一直论证到最普遍的原因为止，这就是分析的方法；而综合的方法则假定原因已找到，并且已经把它们定为原理，再用这些原理去解释由它们发生的现象，并证明这些解释的正确性.”

抚今追昔, 话说量子, 对民族文化的情有独衷促使笔者尽力写好本书. 然而, 对于极其深奥的创造量子力学的思维认识活动, 不能仅仅限于具体创新过程的描述上, 而应该寻找其特殊性、偶然性背后的必然性和普适性. 爱因斯坦曾强调, 要用文献来证明关于怎样做出发现的任何想法, 最糟糕的人就是发明家自己……历史学家对于科学家的思想过程大概会比科学家自己有更透彻的了解. 所以, 囿于自己的知识与能力, 本书至多也不过是起到提醒当今学者, 中国古贤（庄子、王阳明、罗钦顺、王夫之、袁宏道等）的思辨能帮助人们较好地理解量子论的作用而已. 虽然按笔者现有的科研水平可以走捷径直达核心量子力学动力学方程, 但既然是以抚今追昔为宗旨, 还是从拉开量子舞台的序幕说起.

理足而止

普朗克拉开量子舞台的序幕

普朗克像

要想让别人了解一个难懂的学问时, 通常是用他已经有的知识来比喻, 因为拿已知的事情做类比, 即便是较深奥的问题也容易使人理解. 但在量子力学框架内想找到与经典力学那样相似而易懂的例子实在不容易, 即便是想从日常生活司空见惯的现象中找出涉及量子力学现象的“引子”也难, 正如老子的《道德经》所言:

道之为物, 惟恍惟惚, 惚兮恍兮, 其中有象, 恍兮惚兮, 其中有物.

1900 年前的西方物理界就出现了惟恍惟惚、使人晕乎的热辐射问题. 而古代文学作品《楚辞 • 天问》早就关注“冥昭瞢暗, 谁能极之? ”, 这既可解释为“昼夜不分, 一片浑暗, 谁能够探究其中原因? ”, 也可以在当下理解为“黑体的辐射光谱, 谁能解剖析之? ”.

古人云: “沿隐以至显, 因内而符外.” 笔者以为也许以下问题较易切入主题:

（1）如果不是暴晒，太阳为什么晒不死人?

（2）演京剧的人物脸谱，为什么曹操的脸勾成白色，而张飞的却是黑色?

（3）北极熊的皮毛为何是白色的?

（4）斑马的皮色为何是黑白相间的?

（5）为什么夏天海滨晒日光浴皮肤会黑，而夜夜在篝火边与朋友谈话，脸不会黑?

（6）炼钢时，被炼的钢铁的颜色为什么呈暗红、黄、白、蓝变化?（比第一题深刻，相当于把心理感觉上升为物理感觉.）

“天下之物殊其状，人之为言异其说.”第一个问题可以追溯到中国古代尧的时候，早在华夏的远古时代人们就恐惧太阳会晒死人，于是编了个《后羿射日》的神话故事. 神话说，有十个太阳同时出现在天空，把土地烤焦了，庄稼都干枯了，人们热得喘不过气来，倒在地上昏迷不醒. 因为天气酷热的缘故，一些怪禽猛兽也都从干涸的江湖和火焰似的森林里跑出来，在各地残害人民. 人间的灾难惊动了天帝，他命令后羿下凡，协助尧除去人民的苦难. 后羿射去了九个太阳，只因为尧认为留下一个太阳对人们有用处，才拦阻了后羿继续射击. 这就是有名的后羿射日的故事.

古陶中的太阳和人

其他几个问题都涉及热辐射（所以笔者的感觉是量子力学是一门关于光的产生和湮灭的学科，在后面将详述之）.

我国古人早就观察到辐射与颜色的关系. 如唐代王维的“日色冷青松”，宋代杨万里的“月色如霜不粟肌”；明末方以智的“以针插地，雪时遍满，而此处独化”（插针入雪地，针周围的雪就化了）. 针是铁色，容易吸收热，融化其旁的雪.

明末物理学家方以智（著有《物理小识》）手书门匾

而对于颜色的观察和描写，古人的细腻和感觉远超出西方物理学家．明清交际的进士王思任在《小洋》一文中描写颜色如下：

由恶溪登括苍，舟行一尺，水皆污也．天为山欺，水求石放，至小洋而眼门一辟．

吴闳仲送我，挚睿孺楚船口，席坐引白，黄头郎以棹歌赠之，低头呼卢，饿而惊视，各大叫，始知颜色不在人间也．又不知天上某某名何色，姑以人间所有者仿佛图之．

落日含半规，如胭脂初从火出．溪西一带山，俱以鹦鹉绿，鸦背青，上有猩红云五千尺，开一大洞，逗出缥天，映水如绣铺赤玛瑙．

日益曶，沙滩色如柔蓝懈白，对岸沙则芦花月影，忽忽不可辨识．山俱老瓜皮色．又有七八片碎剪鹅毛霞，俱黄金锦荔，堆出两朵云，居然晶透葡萄紫也．又有夜岚数层斗起，如鱼肚白，穿入出炉银红中，金光煜煜不定．盖是际，天地山川，云霞日彩，烘蒸郁衬，不知开此大染局作何制．意者，妒海蜃，凌阿闪，一漏卿丽之华耶？将亦谓舟中之子，既有荡胸决眦之解，尝试假尔以文章，使观其时变乎？何所遘之奇也！

夫人间之色仅得其五，五色互相用，衍至数十而止，焉有不可思议如此其错综幻变者！曩吾称名取类，亦自人间之物而色之耳，心未曾通，目未曾睹，不得不以所睹所通者，达之于口而告之于人；然所谓仿佛图之，又安能仿佛以图其万一也！嗟呼，不观天地之富，岂知人间之贫哉！

上文大意为：

从恶溪登括苍山，得走一条水路．江多滩石，水流不畅，船行艰难．天被山所遮蔽，水请求石头放行，抵到小洋，视野顿时开朗．

吴闳仲送我到小洋，他领着个聪明孩子走出船口，同大家一起坐下，举杯饮酒，船夫边划船边唱歌，船里不时传出博戏得彩的呼卢声：一会儿，人们抬头一看，不禁惊奇大叫，被美丽的景色惊呆，这才知道美丽颜色在天上，不在人间．这种奇异的景色，不知道天上叫什么颜色，还得用人间所有能叫出名的颜色来描绘．

太阳要落山了，落日像被含着的半个圆，宛如胭脂刚从火中拿出．小洋西岸的一带群山呈现鹦鹉绿、鸦背青之色．山的上空有一大片猩红云，中间开一大洞，露出淡青色的天空，倒映水中，像锦绣上铺着红色玛瑙．

天空越来越昏暗，近处沙滩变成浅蓝、灰白色，对岸沙滩则是芦花月影，一片朦胧．群山也都成了老瓜皮色．而太阳落山的上空，又有七八片像剪碎鹅毛的晚霞，全是黄金锦荔色，逐渐堆出两朵云，竟然是晶透葡萄紫的奇异色彩．山中夜雾层层涌起，如鱼肚白，穿入出炉银红中，金光闪闪．此刻，天地山川，云霞日彩，烘蒸郁衬，好像一个大染坊，却不知要染什么．（我）猜想啊，（眼前之美）胜过海市蜃楼和佛的妙境，（是要）露现一点祥云的华美吗？又像是给心胸荡漾、眼眶睁裂的舟中人以心灵的启示，老天赐给的自然文彩，使他们观赏景色随时变化的奇妙．为什么遇到的景象是如此地奇异呢？

世间的主要颜色不过五种，五种颜色不断组合调配，变至数十种．这数十种颜色，哪有此景的错综变幻、不可思议！从前，我称谓名物、取称类别，也是用人世间物品来叫出颜色．还有好多景色是眼睛不曾看见、语言无法表达的．由于惊叹小洋晚景的美妙，不得不把所看见的，用语言表达出来告诉别人．但是，描绘出来的，也只是实际景色的万分之一！唉，不看到天地富有，怎么能知道人间贫乏呢！

西方科学家中最早注意到穿衣服的颜色与身体热感的关系的是富兰克林．其实，早在 1740 年左右，他把不同颜色的布片放到阳光下，发现颜色越深，吸收的热量越大；颜色越浅，反射出来的热量也越大．在一次报告里他就指出：夏天炎热阳光充足时穿黑色衣服不如白色衣服，男男女女夏天宜戴白色帽子以避热．

笔者读了这段文字，不禁赋诗一首：

人感恍惚境难得，醉翁之意可出格．
月影朦胧云轻袅，雾薄弥漫花淡色．
名似实体却无影，梦在异乡更叵测．
镜里不见童时形，便在心中想过客．

西方科学家对于热辐射规律（任何物体都具有不断辐射、吸收、发射电磁波的本领）的研究，大致可分为三个阶段，其代表人物分别是基尔霍夫，维恩和瑞利，以及普朗克．

德国物理学家古斯塔夫 · 基尔霍夫 (Kirchhoff) 指出，在热平衡状态下的物体不断发出辐射，同时也吸收辐射，所辐射的能量与吸收的能量之比与物体本身物性无关，只与波长和温度有关．所以可以研究不依赖于物质具体物性的热辐射规律，他定义一种理想物体——黑体（black body）（吸收系数为 1），以此作为热辐射研究的标准物体．不反射光的物体称为黑体，维恩做了一个空腔，在腔壁上开一个小孔，光从小孔进入后，在被腔壁吸收之前，几乎出不来，所以就是黑体（黑体也是一种辐射体，发射红外线）．黑体

的特点是:

（1）温度相同, 光谱相同.

（2）吸收所有的热辐射.

（3）空腔通过小孔辐射, 也为黑体. 加热腔壁向腔中发射光, 称为黑体辐射.

（4）表面亮度是一个和光谱辐射本领成正比的量. 当物体自己的热辐射光作为被观察光时, 黑体比非黑体要亮些.

辐射出去的电磁波在各个波段是不同的, 也就是具有一定的谱分布. 这种谱分布与物体本身的特性及其温度有关, 因而被称为热辐射. 在黑体辐射中, 随着温度不同, 光的颜色各不相同, 黑体呈现红—橙红—黄—黄白—白—蓝白的渐变过程. 这里值得提及的是, 我国宋代的提刑官宋慈用红雨伞遮尸体滤取红光验查骨头伤痕, 容易使伤者皮下淤血的青色反衬明显.

基尔霍夫 1859 年提出热辐射定律, 它用于描述物体的发射率与吸收比之间的关系, 即一个物体的辐射本领和吸收本领的内在联系: 在同样的温度下, 各种不同物体对相同波长的单色辐射出射度与单色吸收比之比值都相等, 并等于该温度下黑体对同一波长的单色辐射出射度. 该定律亦被称为基尔霍夫定律.

基尔霍夫定律是化学家本生在实验的基础上提出的, 实验表明火焰光谱中的 Fraunhoff 吸收线和太阳光谱的相重合, 所以能发射某条光谱线的物质对此条谱线的光吸收本领强. 单凭实验观测已经很难得出正确的结论. 基尔霍夫就用思维性的实验（gedanken experiment）来推导其理论.

设 C 是一个无限平面形物体, 它只能辐射和吸收波长为 λ 的射线, 在其对面有一个能辐射和吸收一切波长的射线的同形物体 C', 两物体外表面各装上完美的镜面 R 和 r . 对于波长 λ 而言, 设 E,A 分别为 C 的辐射本领和吸收本领, e,a 则为 C' 对应的量. 如该系统构成一个恒温系统, 在 C 和 C' 之间发生的辐射和吸收使恒温体仍保持不变. 于是基尔霍夫从热动平衡过程, 计及了 C 和 C' 之间发生的无数次辐射和吸收, 数学上用到了等比级数的求和, 最后导出了属于他的定理.

笔者和吴泽简化了这个思维性实验的理论思索进程, 只用 C 和 C' 之间的一次辐射和吸收来推导.

考虑隔离 C'. C' 的吸收分为两部分: 一是来自 C, 所以仅与 E 有关, 第一次吸收为 aE; 二是来自于 C' 的自发射再自吸收, 由于 C' 本身还要辐射波长为 λ 的射线（仅为全部辐射的一部分）, 这一部分射线也能被 C 吸收, 其吸收量为 Ae. 而剩余的 $e(1-A)$ 被镜面 R 反射, 即把第一种情形的 E 换为 $(1-A)e$, C' 将由此吸收能量 $a(1-A)e$, 可见这部分能量不但与 e 有关, 而且与 C 的吸收本领 A 有关, 这是 C' 从自身辐射进行的第一次吸收.

故 C' 第一次吸收的总量为 $aE+a(1-A)e$. 经过这第一次"折腾后", C' 的辐射本领降低为

$$(1-A)e-a(1-A)e=[e(1-A)](1-a)$$

所以根据 C' 吸收多少等于辐射多少的原则, 有

$$aE+a(1-A)e=e-e(1-A)(1-a)$$

由此导出

$$\frac{e}{a}=\frac{E}{A}$$

表明物体的辐射本领与吸收本领之比相同. 鉴于上述推导中波长和恒温体都是任意设定的, 可以进一步写成

$$\frac{e}{a}=\frac{E}{A}=F(\lambda,T)$$

这里的 $F(\lambda,T)$ 代表表面亮度, 是一个普适函数（其具体形式待进一步确定）, T 代表温度, 波长 $\lambda=\frac{c}{\nu}$, 其中 ν 是光的频率, c 是光速.

对北极熊的皮毛为何是白色的这个问题的回答, 绝大多数人是从生存竞争的角度来解释的, 说白色是冰天雪地中的自然保护色, 但这个答案没有涉及物理, 不合题意. 此题的正确答案应该是: 按照基尔霍夫定律, 吸收本领差的白色物体其辐射本领也差, 便于北极熊度过严寒漫长的冬天（缺少食品）, 不至于很快就把体能辐射出去. 勾画演京剧的人物脸谱, 将曹操的脸勾成白色, 是因为他为人阴沉, 故白色表示他的脸接受光和发射光都弱, 不易被人看穿. 而张飞是黑色脸谱是因为他快人快语, 他的脸接受光和发射光都强, 人感其热忱. 可见中国古人对于颜色和吸收热量强弱的定性关系也早就心知肚明了.

在 1890 年前后研究黑体辐射的普遍规律是一个热点, 德国科学家斯蒂芬（1835—1893）和玻尔兹曼（1844—1906）利用热力学指出, 黑体的辐射能力正比于它的表面绝对温度的 4 次方. 这是论及整个光谱的总能量. 物理学家更注重光谱中能量的分布, 希望能将取决于两个参数 λ 和 T 的函数 $F(\lambda,T)$ 更加明朗化. 所谓"片石孤云窥色相".

奥地利的威廉-维恩在这方面作出了重要的贡献. 他仿照麦克斯韦计算封闭容器中被加热气体分子的能量（速度）分布的做法得出了短波（高频）辐射的公式, 指出随着黑体温度 T 的提高, 对应着它所发射的光线的最大亮度的波长 λ 要变短, 即向光谱的紫色区移动（维恩位移律）. 实验结果证实了这一点, 即: 在某个温度 T（例如 3500 开）下测量光强, 以 λT 为自变量（横坐标）, 测定 $F(\lambda,\ T)$ 的值画出曲线的形状, 发现其他温度下（例如 3000 开和 2000 开）测定的点也落在同一曲线上. 极大值位于

$\lambda_{\max}T=2.9\times10^{-3}$ 米·开 (m·K) 处, 这里 $\lambda_{\max}$ 是当温度为 T 时光谱辐射本领达到极大值时的波长.

维恩位移律之所以重要, 是因为测量光的波长便可计算出发射此光的黑体的表面温度. 例如, 根据太阳辐射最强的波长 500 纳米（1 纳米为 10^{-9} 米）就可确定太阳的表面温度约是 5800 开（太阳内部温度远远大于此温度）. 维恩的这项发现足以使他获得 1911 年的诺贝尔物理学奖. 爱因斯坦高度评价维恩为寻找 $F(\lambda,\ T)$ 的具体形式所做的艰苦卓绝的劳动, 他说:

要是物理学家为这一普适函数而牺牲的所有脑汁可以拿来称一称的话, 那么就可以看到一个壮丽的场面, 而这种残酷的牺牲仍然见不到尽头啊! 不但如此, 古典力学也成了它的牺牲品, 而且也不能预料, 麦克斯韦的电动力学方程是否能够度过这个函数 F 所引起的危机.

维恩的研究进一步指出, 黑体辐射能量密度是

$$\rho(\nu)=\alpha\nu^3\mathrm{e}^{-\beta\nu/T}$$

这里 α,β 是他根据经验拟合的常数, 在高频辐射（短波段) 吻合实验结果.

维恩之所以能有机会做科研, 应该归功于物理学家赫尔姆霍兹. 赫尔姆霍兹慧眼识人, 把他引领到科研道路上来. 维恩刚从大学毕业后, 当了中学教师, 但是他讲课时经常跑题而涉及很多物理上还未知的内容, 而他自己也未曾弄明白, 说不清楚, 于是校方认为他志大才疏, 不适合做教师而解聘了他.

好在这所中学是物理工业研究院的附属中学, 感到委屈郁闷却踌躇满志的维恩, 怀着一丝希望, 冒昧地寻到物理工业研究院的院长室, 拜见院长赫尔姆霍兹. 院长与他畅谈了一下午, 相见恨晚, 认定维恩不是一个庸碌无为的人, 相反, 认为他对物理学的多个领域有独特的思考, 只是他的治学方法似乎有些零乱, 以至于听他讲课的人不易理解. 院长就留他在研究院, 从事理论物理方面的助研工作. 维恩终以重大发现报答了赫尔姆霍兹的青睐.

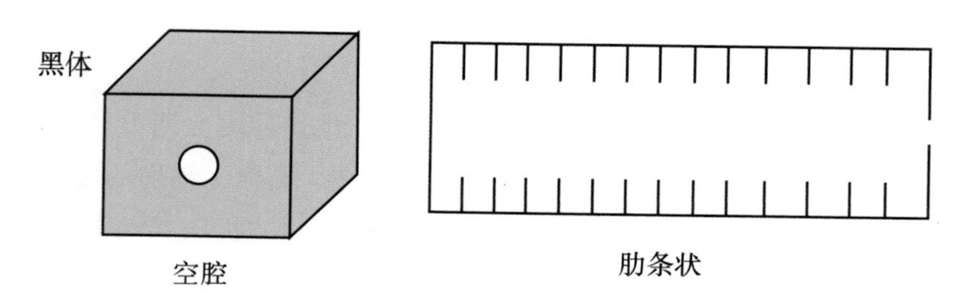

黑体的两种结构

英国物理学家瑞利在 1900 年从麦克斯韦经典电磁能谱密度（确定频率的电磁驻波的模式密度）与统计物理学的粒子按能量分布函数（每个模式的平均能量）的角度出发，提出一个关于热辐射的公式，即后来所谓的瑞利–金斯公式，在单位体积中的辐射是一些节点在腔壁上的驻波，在频率间隔 $\mathrm{d}\nu$ 范围内的数是

$$\frac{8\pi}{c^3}\nu^2\mathrm{d}\nu$$

每个驻波（一个振子）的平均能量都是 $U = k_\mathrm{B}T$，k_B 是玻尔兹曼常数. $k_\mathrm{B} = 1.37 \times 10^{-23}$ 焦耳/开，$k_\mathrm{B}T = 0.025852$电子伏特 (T=300 开时).

瑞利–金斯公式的内容是说辐射的能量密度应正比于绝对温度，而反比于所发射光线波长的平方. 在长波区域，这一结果与实验符合得很好，为量子论的出现准备了条件. 但是按照瑞利理论，随着波长的缩短（频率增高），蓝色、紫色光的辐射强度会无限制地增大（因为瑞利理论对于电磁波分配到高频上的数目没有限制，见下图中的虚线），这与实验结果（见下图中的实线）吻合得不好. 于是经典物理的理论基础遭难了，这又被称为紫外灾难. 正所谓：重岩叠嶂，隐天蔽日，迷惑失故路，薄暮正徘徊.

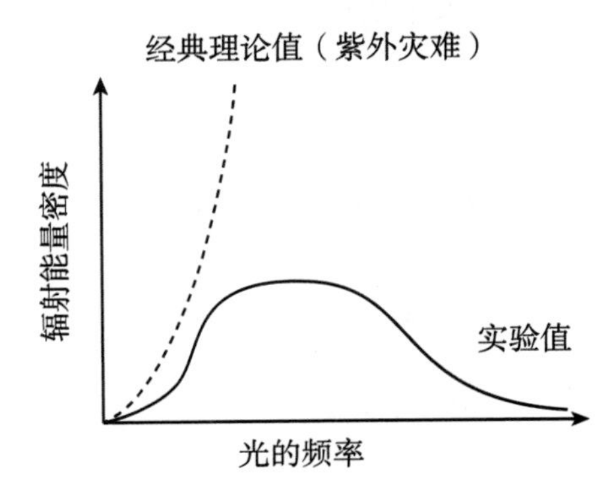

黑体辐射实验曲线

普朗克在 1900 年（那时他已经积累了 20 年的热力学研究经验）研究有温度的物体发出的热辐射在不同频率上的能量分布规律（实验曲线）时，独具慧眼，从弥合长波曲线和短波曲线的不协调下手，将维恩公式写成

$$\alpha\nu^3\mathrm{e}^{-\beta\nu/T} \sim \nu^2 U$$

这里 U 就代表一个振子的平均能量:

$$U \sim \nu\mathrm{e}^{-\beta\nu/T}$$

普朗克根据热力学第二定律的熵 S 与内能 U 的关系考察 $\dfrac{\partial^2 S}{\partial U^2}$，对于维恩公式来说是

$\frac{\partial^2 S}{\partial U^2} \sim -\frac{1}{U}$, 而从瑞利–金斯公式的 $U=k_{\mathrm{B}}T$ 来说是 $\frac{\partial^2 S}{\partial U^2} \sim -\frac{1}{U^2}$, 两者不协调. 普朗克找到了问题的症结（鞋夹脚的地方）, 他做调和, 假定内插公式是

$$\frac{\partial^2 S}{\partial U^2}=\frac{\alpha}{U(\beta+U)}$$

（这是点睛之笔, 或谓“立片言而居要, 乃一篇之警策”, 分母里兼有 U 的平方项和线性项, α 和 β 是待定常数. ）则从上式的积分和热力学第二定律有

$$\frac{1}{T}=\left(\frac{\partial S}{\partial U}\right)_V=\kappa \ln \frac{\beta+U}{U}, \quad \kappa=-\frac{\alpha}{\beta}$$

由此解出 U, 并分别比较 $U \sim \nu \mathrm{e}^{-\beta\nu/T}$ 和瑞利–金斯公式得到

$$U=\frac{\beta}{\exp\left(\frac{1}{\kappa T}\right)-1}=\frac{8\pi\nu^2}{c^3}\frac{\text{常数}\cdot\nu}{\exp\left(\text{常数}\cdot\frac{\nu}{T}\right)-1}$$

再进一步由维恩位移定律确定分子和分母中的常数, 可得 $\alpha=-k_{\mathrm{B}}$ （玻尔兹曼常数）和 $\beta=h\nu$ (h 是一个新的自然常数), 终于给出了一个能协调维恩公式和瑞利公式的热辐射能量分布公式.

关于 h 的解释如下:

（1）必须抛弃能量均分（麦克斯韦关于分子运动论的能量均分律）的概念, 认为平均能量依赖于频率.

（2）能量 ε 只能取分立的值（分立就是 Quanta, 量子）:

$$\varepsilon=0,\Delta\varepsilon,2\Delta\varepsilon,3\Delta\varepsilon$$

或

$$\varepsilon_n=n\Delta\varepsilon$$

n 为正整数.

（3） $\Delta\varepsilon$ 是两个相邻能量之间的间隔:

$$\Delta\varepsilon=h\nu$$

也就是说, 能量值只能取某个最小能量元的整数倍, 存在一个新的自然常数

$$h=6.626196\times10^{-34}\text{焦耳}\cdot\text{秒}$$

(即 6.626196×10^{-27} 尔格 · 秒, 因为 1 尔格 $=10^{-7}$ 焦耳) 或

$$h=4.14\times10^{-15}\text{电子伏特}\cdot\text{秒}$$

普朗克假定光波的发射和吸收不是连续的, 而是一份一份进行的, 这样的一份能量叫作能量子, 每一份能量子等于普朗克常数乘以辐射电磁波的频率. 这一假设后来被称为能量量子化假设, 其中最小能量元被称为能量量子, 而常数 h 被称为普朗克常数. 普朗克提出了一个热辐射能量分布的公式（或线性振子平均能量公式）, 尽管是凑合的, 却为神来之笔, 即

$$\rho(\nu)=\frac{8\pi\nu^2}{c^3}\frac{\varepsilon}{\exp\left(\frac{\varepsilon}{k_{\mathrm{B}}T}\right)-1},\quad \varepsilon=h\nu$$

这里 ν 是辐射的频率, 在可见光区, $\nu\sim10^{14}$ 赫兹, T 是绝对稳度, k_{B} 是玻尔兹曼常数. 记 $\mathrm{d}\nu$ 为频率间隔, 一般取 10^{10} 赫兹, 因子 $\dfrac{8\pi\nu^2}{c^3}$ 代表单位体积内驻波数, 约为每立方厘米 10^8 个. 按照此公式, 计算的结果才能和实验结果相符.

此公式抑制了能量均分, 不同的振动模式分配到的能量是不同的, 在高频端, 没有多少模式会被激发, 因为激发一个高频量子（紫色光）需要耗费太多的能量. 故而太阳光中紫光的比例少, 这与中国的一个成语“红得发紫”的含义隐隐然相应, 古人以红色作为发达的标志, 若官服为紫色则表示位极人臣三品, 而从红到紫的升迁是很罕见的.

此公式指出任何有限能量体系都不能有过多的高频电磁振子存在. 故太阳能在一组电磁振子中的分布, 高频的少, 低、中频的多, 所以太阳晒不死人. 在低频情形, $\exp\left(\dfrac{\varepsilon}{k_{\mathrm{B}}T}\right)-1\to\dfrac{\varepsilon}{k_{\mathrm{B}}T}$, 就是瑞利的结果; 而在高频情形, $\dfrac{\varepsilon}{k_{\mathrm{B}}T}\gg1$, 所以 $\rho(\nu)\to\dfrac{8\pi\nu^2\varepsilon}{c^3}\exp\left(\dfrac{-\varepsilon}{k_{\mathrm{B}}T}\right)$, 是维恩的形式. 真所谓“目前能转物, 笔下尽逢源”.

懂得这个推导过程的人中谁会说纯理论不重要呢? 当实验给出模棱两可的测量数据后, 是理性思考使人们摆脱困境, 迎来曙光.

普朗克很担心自己半经验地发现的定律是否可靠, 于是他又从玻尔兹曼所揭示的熵和概率的关系计算了频率为振子的概率, 结合分立能级的思想, 再一次导出了他的辐射定律. 范洪义后来用求系综平均的广义 Hermann-Feynman 定理也导出了普朗克辐射公式（参见 Chin.Phys.B, 2010, 19, 090301）. 普朗克辐射公式给出了黑体辐射的具体谱分布, 普朗克常数是一个物理常数, 用以描述量子大小, 在原子物理学与量子力学中扮演重要的角色.

例如, 一个发黄光的 25 瓦的灯泡, 每秒发射量子 6 千亿亿份（6×10^{19}）.

但是, 怎么会是这样的呢? 物体能量的变化怎么会是非连续的呢? 人们愿意相信, 任何过程的能量变化都是连续的, 而且光从光源中也是连续地、不间断地发射出来的. 那么如何理解普朗克常数呢? 对于这个理论, 普朗克自己也将信将疑（因为他自己也认

为他的公式是杜撰的），于是，为了说明 $\rho(\nu)$ 的正确性，普朗克曾用统计物理的方法，即玻尔兹曼熵与热力学概率的关系（$S=k_{\mathrm{B}}\ln W$），在假定能量不连续后，导出了他的辐射公式所对应的熵的形式，从而确定线性振子的能量元为 $h\nu$.

普朗克是王夫之笔下的“巧者”. 王夫之写道：“巧者，圣功也，博求之事物以会通其得失，以有形象无形而尽其条理，巧之道也. 格物穷理而不期旦暮之效者遇之.”

说普朗克“不期旦暮之效”，确实如此. 他在能量量子化假设提出之后的 15 年时间里，反思他的能量量子化问题是否正确，一直试图利用经典的连续概念来解释辐射能量的不连续性，但最终归于失败. 普朗克亲自经历了物理理论的重大变革所伴随的酸甜苦辣. 他中肯地说：“一个新的科学真理的确立，与其说是由于反对者声明自己搞通了，不如说是因为它的反对者逐渐衰亡了，而新的一代一开始就习惯和熟悉这个真理.”

终于有一天他如释重负，说：“黑暗褪去，一个崭新的、前景无法想象的黎明降临了.” 所谓：心不易于物，而憾可释矣.

普朗克还谆谆告诫我们，要警惕科学上的假问题，避免为这些貌似正确的问题所投入的脑力和财力付诸东流. 关于学科的分类，他又说：“科学本身是内在的整体，它被分解为一些单独的门类，不是取决于事物的本质，而是取决于人类认识能力的局限性.” 这些话都是值得我们仔细咀嚼的.

如何理解普朗克常数的必然呢？有以下五种主要的理解思路：

第一种，从绝热不变量来理解（详见下文《普朗克常数与绝热不变量》）.

第二种，爱因斯坦于 1909 年指出，封闭在空腔中黑体辐射的能量涨落由两部分组成：一是量子性的，二是波动性的.

1917 年他又在玻尔轨道理论的基础上思考：为什么在基态时原子不辐射？定态跃迁有什么规律？他指出粒子在能级间的跃迁理论中有以下三个过程：自发辐射、受激辐射和受激吸收. 自发跃迁系数 A_{mk} 表示在没有辐射场的作用下，粒子在单位时间内由 ϵ_m 能级跃迁到 ϵ_k 能级的概率；受激辐射系数表示系统在能量密度为 $\rho(\nu)$ 的辐射场中，粒子在单位时间内由 ϵ_m 能级跃迁到 ϵ_k 能级并释放出能量为 $\hbar\omega$ 的光子的概率为 $B_{mk}\rho(\nu)$；受激吸收系数则表示相反的过程，概率为 $B_{km}\rho(\nu)$；在热平衡下，由于原子各个能级的粒子数保持不变，$\epsilon_m\to\epsilon_k$ 与 $\epsilon_k\to\epsilon_m$ 粒子数相等，用 N_m 和 N_k 分别表示初始时刻两能级上的粒子数，则有

$$N_mA_{mk}+N_mB_{mk}\rho(\nu)=N_kB_{km}\rho(\nu)$$

整理上式得

$$\frac{N_m}{N_k}=\frac{B_{km}\rho(\nu)}{A_{mk}+B_{mk}\rho(\nu)}$$

根据热平衡下粒子数服从玻尔兹曼分布, 则有

$$\frac{N_m}{N_k}=\frac{g_m}{g_k}\exp\left[\frac{-(\epsilon_m-\epsilon_k)}{k_{\mathrm{B}}T}\right]$$

这里 g_m 是能级 E_m 的简并度（或称为态的统计权重）, 于是

$$\frac{B_{km}\rho(\nu)}{A_{mk}+B_{mk}\rho(\nu)}=\frac{g_m}{g_k}\exp\left[\frac{-(\epsilon_m-\epsilon_k)}{k_{\mathrm{B}}T}\right]$$

其中 $\epsilon_m-\epsilon_k=h\nu$, 整理上式得

$$\rho(\nu)=\frac{A_{mk}/B_{mk}}{\frac{g_kB_{km}}{g_mB_{mk}}\exp\left(\frac{\epsilon_m-\epsilon_k}{k_{\mathrm{B}}T}\right)-1}$$

于是重现了普朗克辐射定律的数学形式. 此推导本身也将普朗克公式解释为原子的分立能级之间的跃迁发出不同频率的光子的规律, 其中假定了: ① 自发辐射、受激辐射和受激吸收过程都需考虑在内; ② 高能级和低能级中的粒子数分布遵守玻尔兹曼分布.

对比如下的普朗克光谱能量密度公式:

$$\rho(\nu)=\frac{8\pi\nu^2}{c^3}\frac{h\nu}{\exp\left(\frac{h\nu}{k_{\mathrm{B}}T}\right)-1}$$

就得到

$$A_{mk}=B_{mk}\frac{8\pi h\nu^3}{c^3}$$

以及

$$\frac{B_{mk}}{B_{km}}=\frac{g_k}{g_m}$$

我们来类比爱因斯坦推导辐射跃迁理论与基尔霍夫思考辐射定理, 希望找到它们之间的相似处.

首先, 我们觉得其思考流程上几乎是一模一样的, 爱因斯坦辐射跃迁理论中有三个参数: 自发辐射系数 A_{mk} 、受激辐射系数 B_{mk} 和受激吸收系数 B_{km}. 这里我们暂且不考虑自发辐射系数 A_{mk}（此参数需要利用普朗克公式推导）; 我们把受激辐射系数 B_{mk} 和受激吸收系数 B_{km} 分别类比为上述基尔霍夫模型中 C 的吸收本领 A 和 C' 的吸收本领 a. 当然, 这样的类比并不是简单的等价关系, 因为爱因斯坦模型中的受激吸收系数在物理本质上表示的是能级之间跃迁的概率, 而基尔霍夫模型表示的是能量占比, 而且爱因斯坦的模型中并没有回弹的过程.

然后我们考虑这样一个假想实验, 引入两个能级 ϵ_m 和 ϵ_k, 考虑到外界入射的光子, 先从各个能级上打出一部分粒子, 打出粒子的多少对应着基尔霍夫模型中的辐射本领,

即对应着基尔霍夫模型中的 e 和 E. 这里所谓的“辐射本领”即对应着能级的简并度 g_k 和 g_m, 而这两个能级上的粒子相互跃迁跟基尔霍夫模型类似, 最终也需达到一个动态平衡的过程, 直接套用基尔霍夫模型的结论, 有

$$\frac{B_{mk}}{B_{km}}=\frac{g_k}{g_m}$$

通过上述分析, 我们可以体会到两人的思想如出一辙, 真所谓英雄所见略同. 我们也看到纯粹理性思考也能导出正确的物理定律, 这是如今的理科学生应该借鉴的方法. 虽然物理学家玻恩曾说: “在我看来, 巧妙的、基本的科学思维是一种天资, 那是不能教授的, 而且只限于少数人.”

第三种, 从光子的不生不灭机制来理解（范洪义, 见本书后半部分）.

第四种, 从玻色统计来理解. 玻色把光比作气体, 不用经典电动力学导出 $\frac{8\pi\nu^2}{c^3}$, 而只是假定相空间的终极基元区为 $\hbar^3$, 也推导出了普朗克公式, 表明光子可以彼此独立地占据任意能态, 这启发了爱因斯坦把玻色的工作推广到原子情形, 提出所谓的玻色–爱因斯坦凝聚.

第五种, 从固体比热公式体会普朗克公式（爱因斯坦于 1907 年和德拜于 1911 年的研究）.

实验方面, 较早的是 1901 年从伦琴射线的韧致辐射谱（电子被迅速制动的辐射谱）测得了普朗克常数.

THEORY OF LIGHT

Being Volume IV of
"INTRODUCTION TO THEORETICAL PHYSICS"

BY
MAX PLANCK

Nobel Laureate, Foreign Member Royal Society, Professor of Theoretical Physics, University of Berlin, and President of the Kaiser Wilhelm Research Institute.

TRANSLATED BY
HENRY L. BROSE,
M.A., D.Phil. (Oxon.), D.Sc.

Lancashire-Spencer Professor of Physics, University College, Nottingham.

1932

普朗克1927年写就的《光之理论》，其末给出了薛定谔方程与非均匀介质中几何光学方程的类比

普朗克常数与绝热不变量

现在普朗克常数现身了，那么物理学家会不会受到某些制约了？原来按经典力学规律描述的运动不再被允许都是可能的了. 于是产生一个问题，什么是应该量子化的物理量？其本征量子数可以表征量子态.

鉴于普朗克常数非常小，例如一个单摆总能量为 $E=1.5\times10^{-2}$ 焦耳，摆动频率 ν 是 0.5 秒 $^{-1}$，假定此能量耗尽是以 $\Delta E=h\nu$ 不连续地变化进行的，那么测量的精度需要达到 $\Delta E/E\approx2\times10^{-32}$，这不易做到. 于是，有必要讨论力学系统在能量非常缓慢变化的情形下，有什么"绝热不变量"可以与普朗克常数对应.

在经典意义下，力学系统在外部条件无限缓慢改变（外来干扰）下的进程叫作"绝热的".

在量子力学中，绝热改变是指其发生的变化率远远慢于能量本征态之间的能级差. 在这种情形下，系统的能量本征态不发生跃迁. 故量子数是绝热不变量. 洛伦兹、爱因斯坦、玻尔等大家都建议需要量子化的量必然是绝热不变量. 索末菲总结说："任意力学系统的量子数是由绝热作用变量给出的."

相对于外来干扰而言，需要加以量子化的量，从经典力学层面上看必须是对外来干扰不敏感的量. 爱因斯坦曾经提出绝热不变量的概念, 即在绝热过程中是一个不变量.

爱因斯坦通过单摆来说明: 在摆弦的起点挖一细孔, 通过小孔极其缓慢地拉动摆弦, 以改变摆的长度, 他指出尽管摆的能量 E 和摆的频率 ν 在此过程中都在缓变, 但可以说明 $\dfrac{\delta E}{E}=-\dfrac{\delta l}{(2l)}$, 摆的周期是 $2\pi\sqrt{\dfrac{l}{g}}$, 故 $\dfrac{E}{\nu}\sim E\sqrt{l}$ 是一个常数. 我们通过该孔缓慢地拉动摆弦, 振动能量的改变将与频率成正比. E/ν 是与量子化对应的量. 这还可以类比维恩的观察: 经非常缓慢运动的墙的反射波的能量与频率之比是一个常数.

范洪义和陈俊华更直观地用介观电路的量子化理论来分析量子电路中的绝热不变量, 介观 L-C 电路的经典哈密顿量是

$$E=\frac{Q^2}{2C}+\frac{\Phi^2}{2L}$$

其中 Φ 是电感磁通. 电量 Q 的突变需要一脉冲电流, 但是这种脉冲电流将会对电感产生一个无限大的磁场, 所以 Q 是不突变的. 同样, Φ^2 是正比于电感的磁场能量的, 它也是不可能突变的. 所以当一个介观 L-C 电路的 L 和 C 在外部干扰下做无限小的改变时, $L\to L+\Delta L$, $C\to C+\Delta C$, 电路的能量改变为

$$\delta E=\delta\left[\frac{Q^2}{2C}+\frac{\Phi^2}{2L}\right]=Q^2\delta\frac{1}{2C}+\Phi^2\delta\frac{1}{2L}=-\frac{Q^2}{2C}\frac{\delta C}{C}-\frac{\Phi^2}{2L}\frac{\delta L}{L}$$

由于参数 L 和 C 是绝热变化的, 其间电路发生了多次振荡, 故取平均 (从而平均电容能 $=$ 平均电感能 $=E$), 可以得到

$$-\frac{\bar{Q}^2}{2C}\frac{\delta C}{C}-\frac{\bar{\Phi}^2}{2L}\frac{\delta L}{L}=-\frac{E}{2}\left(\frac{\delta C}{C}+\frac{\delta L}{L}\right)=-E\frac{\delta\sqrt{LC}}{\sqrt{LC}}=\delta E$$

对上式积分就得到

$$-\ln E=\ln\sqrt{LC}\tag{4.1}$$

即

$$E\sqrt{LC}=\frac{E}{\omega}=\mathrm{const}\tag{4.2}$$

式 (4.2) 中, ω 是圆频. 让我们考虑上述一般讨论的一个具体情况. 在经典理论, 假设电路的电容是板面积为 A 的两平行板电容器, 相距 D, 填满介电常数 ε 的材料, 那么

$$C=\frac{\varepsilon A}{D}\tag{4.3}$$

一个板对另一块板的作用力为

$$F=\frac{Q}{2A\varepsilon}Q\tag{4.4}$$

这正是分开这两个板块所需要的作用力. 由于我们以非常慢的速度拉开板块, 所需要的真正作用力是

$$F = \frac{\bar{Q}}{2A\varepsilon}Q = \frac{1}{2A\varepsilon}CE = \frac{E}{2D} \tag{4.5}$$

所以

$$\delta E = F\delta D = \frac{E}{2D}\delta D \tag{4.6}$$

对上式积分即得到

$$\ln E = \ln\sqrt{D}$$

所以 $\dfrac{E}{\sqrt{D}}$ 是常数, 由于电容与两板块之间的距离 D 有关, D 越大, 电容越小, 所以 $\omega = \dfrac{1}{\sqrt{LC}} \propto \sqrt{D}$, 我们再次得到 $\dfrac{E}{\omega}$ =const .

至此, 我们找到了量子 L-C 电路的绝热不变量, 它在形式上类似上述钟摆的摆长缓慢改变过程中的绝热不变量.

范洪义等还考虑了电子 (其质量为 M, 电荷为 q) 在 $\hat{z}$ 方向的均匀磁场中运动的情形, $\vec{B} = B\hat{z}$, 电子回旋频率 $\Omega = \dfrac{|q|B}{M}$, 寻找当磁场 B 绝热缓变情形下运动的不变量. 鉴于在量子论中电子轨迹（近似的圆轨道）的中心坐标（不同于电子的坐标）之两个分量不能同时确定, 圆轨道的概念是含糊的, 所以这个问题比较复杂. 范洪义提出了用描写电子在均匀磁场中运动的纠缠态表象来处理此问题（参见后文叙述的纠缠态表象）.

光的惠更斯波动说和爱因斯坦光子说

历史上, 牛顿认为光是经典意义下的微粒. 而荷兰物理学家惠更斯提出光的波动说 (或脉搏说) 的思想, 认为光的行进是由于微粒的震动. 他在《光论》一书中写道: "若有人把若干个大小相等极硬的物质球排成一条直线, 使诸球相互接触, 再用一个一样的 A 球去撞击排首第一个球. 那么, 排尾最后一球就在刹那间脱离队伍, 而 A 球与队伍中的其他球纹丝不动." 这样的感觉使得惠更斯于 1678 年提出了光的波动原理: 波前的每一点可以认为是产生球面次波的点波源, 而以后任何时刻的波前则可看作这些次波的包络.

爱因斯坦在处理充斥在体积 V_0 中频率为 ν、能量为 E 的单色辐射波问题时, 采用了光子气的观点: 光的能量在空间不是连续分布的, 而是由空间各点的不可再分割的能量子组成.

在普朗克提出腔壁振子的能量辐射是分立的以后, 爱因斯坦重新思考光的本性, 思路如下:

他首先注意到普朗克曾用热力学玻尔兹曼熵与热力学概率的关系, 在假定能量不连续后, 导出了辐射公式所对应的熵的形式, 从而确定线性振子的能量元为 $h\nu$. 但是, 普朗克考虑的仅仅是空腔壁的振子，爱因斯坦要处理的是所有光辐射的量子化.

为了避免重复普朗克的思路，爱因斯坦从维恩公式 $\alpha\nu^3 e^{-\beta\nu/T}$ 出发，直接计算空腔壁中的体积减小时单色辐射熵的减小，与压缩理想气体的体积减小时熵的变化做比较，发现十分相似. 即用玻尔兹曼熵和热力学概率的关系 $S = k_B \ln W$ 计算，对于辐射而言，概率的公式是

$$W = \left(\frac{V}{V_0}\right)^{E/(k_B\beta\nu)}$$

而对压缩气体的概率是

$$W = \left(\frac{v}{v_0}\right)^{n}$$

v_0 是未压缩前的体积. 这两个结果中的指数相等，即得到 $E = nk_B\beta\nu$. 于是他做出假定，在维恩定律成立的范围内，在高频段，辐射在热力学意义下就像能量为 $k_B\beta\nu$ 的能量量子所构成，取 $\beta = h/k_B$，就像是一种光（粒）子. 或换言之，单原子气体中原子显示出与光子类似的波动性. 爱因斯坦把这个设想以题为“关于光的产生和转换的一种观点”的文章发表，因为他认为这不是严格的证明.

爱因斯坦又认真研究了普朗克所指出的热辐射过程中能量变化的非连续性，进而指出在光的传播过程中情况也是如此：当一束光从点光源发出时，它的能量不是随体积增大而连续分布，而是包含一定数量的能量量子……不随运动而分裂. 一束光是相同能量的能量子流. 形象地说，光是像发射机关枪那样被射出，又像雨滴那样在空中飞，只是雨滴太密集，人眼看不出它是断续的. 光子（静止质量为零）能量-动量公式是

$$E = h\nu, \quad p = \frac{E}{c}$$

利用这个观点，爱因斯坦解释了光电效应：说明具有一定能量的入射光与原子相互作用，单个光子把它的全部能量交给原子中某壳层上的一个受束缚的电子，后者克服结合能后将剩余能作为动能射出，成为光电子. 此即光电效应（1887 年赫兹观察到：两个带电小球之间的电压较小时，如用高于移动频率的光照亮阴极，则两球之间有火花掠过）.

很难想象波传达到金属表面上能将电子逼出来，一定是粒子（而不是波）把电子轰击出来，而且入射光线的波长有个极限值，一旦超过此值，电子就轰不出来了. 但是，当时有一位测定基本电荷值的大物理学家罗伯特·密立根，站出来反对爱因斯坦把光电效应和量子化理论结合起来的努力. 他说：

光子虽说不上是一种轻率的假设，却也是一种大胆的假设. 说它轻率是因为它和光的波动性的经典理论相矛盾……光的微粒说是完全不可想象的，它无法与光的衍射和干

涉现象统一起来.

就是普朗克本人直到 1913 年也不接受爱因斯坦的光子说, 他在推荐爱因斯坦为普鲁士科学院会员的推荐信中写道:

总之, 我们可以说几乎没有一个现代物理的重大问题爱因斯坦没有作出过显著的贡献. 他有时候会在他的猜测中错过目标, 例如他的光量子假说, 但这不能太责怪他, 因为即使在最正确的科学中不冒一点险是不可能引进新的想法的.

可事隔不久, 密立根自己做的历经数年的实验清楚地表明光子说是对的. 他知错便改, 在 1914 年发表文章改变立场. 这体现了密立根作为学术大家的人格魅力. 他在自传中写道:

……你不能人工造出自然界而不考虑它最杰出的属性——意识和品格……那些你知道你自己在另一个世界所拥有的东西……通常理解的唯物主义是一种十分荒谬的和没有道理的哲学, 我相信大多数善于思考的人们确实也是这样认为的.

爱因斯坦的光子说还得到康普顿的光子 (伦琴射线) - 自由电子散射实验 (X 射线被低原子量的物质散射时, 波长变长) 的证实, 检验了将电子和光量子看做是两个粒子碰撞的能量 - 动量守恒. 如今测量普朗克常数, 也是用光电效应的原理.

为了更好地懂得当下的产生纠缠光子的实验, 了解一下光子数目的量级是有必要的. 以一个 100 瓦的灯泡为例, 若其能量的 5% 转化为可见光, 波长为 560 纳米, 那么由德布罗意关系可以算出该灯泡每秒发出 1.4×10^{19} 个光子.

光子说与眼神的邪正

根据爱因斯坦的光是光子气或光子流的学说，光束是光子的集合流，那么根据统计物理，光在传播中单位体积内的光子数就有起伏. 前苏联物理学家瓦维洛夫为了证实光子在传播过程中的不连续，他用眼睛做如下实验以测量光子气有起伏. 为了提高视觉灵敏度，他在黑暗中先待上一段时间.

他先估计一个在黑暗中足够长时间待着的人的眼睛引起视觉所需的光子数，他发现约为 200 个，此时若减少 10 个光子，基本就失去视觉. 然后他让定时闪动的绿色光线穿过均匀转动的圆盘上的小孔，闪光的持续时间是 0.1 秒，圆盘的转动频率取为正好让眼睛在 0.9 秒内休息. 开始时，每隔 0.9 秒，观察者能记录下一次闪光，当光强减弱到某一定值时，观察者不再每隔 0.9 秒就可以看到闪光，而是时见时不见. 这说明了光子数有起伏，即光子在传播中的不连续.

笔者认为，这个实验也许可以说明人眼神的不同——是慈祥的还是狡诈的，是昏暗的还是明快的.

人身上的器官可见于形. 古人云，形犹可藏，而神无可掩. 是神也者，不失为观人之权衡哉. 《黄庭内景经》道："眼神，明上，字英玄." 注："目谕日月，在首之上，故曰 '明上'; '英玄', 童子之精色, 内指事也."

孟子说的更加明确: "存乎人者, 莫良于眸子, 眸子不能掩其恶. 胸中正, 则眸子瞭焉; 胸中不正, 则眸子眊焉. 听其言也, 观其眸子, 人焉廋哉." 当心所怀念为良时, 则眸子有光明之象, 神定固而不迷. 盖其气浩然, 其中无顾忌也. 反之, 眸子呈混浊之象, 其神常昏散而不清, 其心惴惴焉, 唯恐人之知其恶为. 于是, 矫为修饰之容, 掩其之态.

孟子之说与西方大科学家牛顿的观点有共同点. 牛顿认为, 人眼中出现的图像在某种程度上必有想象或者幻想的成分, 因为即使闭上眼睛, 单凭意志, 人还是能够在眼前形成图像. 引申开去, 牛顿引证说, 想象的力量也许能够发展成为某种心灵感应现象. 然而高于孟子的地方是牛顿马上做实验, 他睁大眼睛直视太阳, 然后闭上眼, 看眼前会出现什么颜色. 为了这个实验的精确, 他连续几个星期待在暗室里.

因此笔者想, 瓦维洛夫用肉眼进行光量子的实验是否是受了牛顿的启发. 而牛顿的观点与中国古人认为人的目光能够内视丹田有相似之处.

除了孟子, 清代曾国藩也指出, 眼神是我们判断人心地好坏的重要依据. 眼神有邪正之分.

庄子说: "宇泰定者, 发乎天光. 发乎天光者, 人见其人, 物见其物."

笔者认为, 古人文字的意思是测量人眼瞳孔中出来的光的性能. 从量子物理学的角度来看, 眼神的邪与正就是光子起伏的效果, 具体点说, 是光作为光子流的起伏是否稳定.

物理学家用光电效应的原理做了光子计数器, 还从理论上定义了数光子的算符.

“量子王国”的疆域

20 世纪, 二战刚结束时, 有学量子力学的人问数学物理学家冯 • 诺依曼如何学习量子论, 诺依曼回答说: “年轻人, 习惯它是第一位的, 而理解事情是次要的.” 有兴趣的人想在短时间内了解量子力学, 融入 “量子社会” 中, 先习惯量子的基本语言, 如量子化、波函数、能级、跃迁和量子纠缠等. 笔者经过半个世纪的自学与探索, 认为作为量子力学的蒙学读本, 习惯狄拉克符号是第一. 若能学会笔者提出和倡导的有序算符内积分方法, 就可深入理解量子力学的结构.

在概念上, 习惯量子语言的首要是习惯普朗克常数 $\hbar = \dfrac{h}{2\pi}$. 一般而言, 在数学公式里出现 $\hbar$, 该式便是量子范畴的. $\hbar w$ 不但是能量的基本单位, 还提供了写出原子半径 r 表达式的途径: 在玻尔原子轨道中的运动电子, 速度为 v, 质量 m, 电量 e, 根据势能等价动能关系 $mv^2 \sim \dfrac{e^2}{r}$, 将它相对论化, 基本的轨道半径与 $\dfrac{e^2}{mc^2}$ 有关, 则

$$\frac{e^2}{mc^2} = 2.8 \times 10^{-13}\text{cm}$$

乘上无量纲常数 $\frac{\hbar c}{e^2}$ 的平方, 这个数的物理意义代表电子在轨道中所允许的速度与光速的比, 故称为精细结构常数

$$\frac{\hbar c}{e^2} = 137.03$$

则有原子世界的长度单位

$$2.8 \times 10^{-13}\text{cm} \times (137.03)^2 = \frac{e^2}{mc^2}\left(\frac{\hbar c}{e^2}\right)^2 = \frac{\hbar^2}{me^2} = 0.5 \times 10^{-8}\text{cm}$$

所以可以直接用普朗克常数 $\hbar$ 表示原子半径, 当长度量级为 $\frac{\hbar^2}{me^2}$ 时, 就进入了量子世界. 原子的量子力学模型, 在线度很大时, 必然逐渐趋于经典概念, 经典理论是量子理论的极限近似, 称为哥本哈根学的互补原理. 原子世界的能量单位是 $\frac{me^4}{\hbar^2}$, 称为里德堡单位.

曾国藩谈精神（能量）的断续

普朗克是在 1900 年提出辐射能是不连续的，这个伟大的发现有科学实验作依托，又有数学的背景. 爱因斯坦说，普朗克的发现成为 20 世纪一切物理学的基础，甚至几乎完全改变了此后物理学的发展方向. 玻尔说："基本量子作用的发现，揭示了原子过程中所固有的一种远远超过物质的有限可分性这一古代见解的整体性特点."

笔者在本书的《引子》中已经提到，在量子理论的早期，许多西方物理学家（包括薛定谔）就发现，部分和整体的量子概念与中国先贤关于自然界的统一和谐的思想（西方人称之为东方神秘主义）十分相似. 这里笔者额外举一例.

与普朗克的辐射能是不连续的理论相似，我国清代的桐城派学者曾国藩（1811—1872）早就注意到了精神（能量）存在不连续性，他在《冰鉴》中写道：

凡精神（理解为能量），抖擞处易见，断续处难见. 断者出处断，续者闭处续. 道家所谓"收拾入门"之说，不了处看其脱略，做了处看其针线. 小心者，从其做不了处看之，疏节阔目，若不经意，所谓脱略也. 大胆者，从其做了处看之，慎重周密，无有苟且，所谓针线也. 二者实看向内处，稍移外便落情态矣，情态易见.

古文字专家普遍认为，这是曾国藩用于识别人内心世界的经验之谈. 而作为一个量

子物理学者, 笔者自然会把“断续”理解成是能量(精神)存在的不连续性:

(1)“断者出处断”可以用来描述电子从一个轨道跃出, 实现轨道间的跃迁; 而“续者闭处续”则说明电子处在封闭的轨道上, 很稳定地持续着这个状态(定态). 这两句说明定态轨道之间的跃迁既形象也合理.

(2) 曾国藩所谓“脱略”是指经典观点, 不了处看其脱略, 哪怕是一星蜡烛或一个萤火虫, 它发的光也充满整个房间, 疏节阔目, “空里流霜不觉飞”, 我们无需把它们看作光子; 而“针线”是指需要量子化的情形, 那时“月照花林皆似霰”.

下面再以观察到的能量衰减是连续性的还是间断性的来注释曾国藩的精神断续论.

考虑一个弹簧振子, 弹性系数 $k=3$ 牛顿/米, 振子质量 $m=0.3$ 千克, 将它拉长 $A=0.1$ 米后自由振动, 由于空气的黏滞, 振动渐渐衰减. 如果我们慎重周密, 无有苟且(所谓针线), 假定弹簧能量是量子化的, 其能量湮灭是以断续的方式进行的, $\Delta E=h\nu$, 这里振动频率

$$\nu=\frac{1}{2\pi}\sqrt{\frac{k}{m}}=0.5\text{秒}^{-1}$$

断续能

$$\Delta E=h\nu=3.3\times10^{-34}\text{焦耳}$$

弹簧振子初能量

$$E=\frac{1}{2}kA^2=1.5\times10^{-2}\text{焦耳}$$

则有

$$\frac{\Delta E}{E}=2\times10^{-32}$$

这就要求我们测量能量的仪器的精度要优于 2×10^{-32}, 这是我们“做不了处”. 此振子初态的量子数很大

$$\frac{E}{\Delta E}=45\times10^{30}$$

表明一段经典的连续区, 在量子化后是一组分立的线, 线挤得十分紧密, 很难分辨. 此即曾国藩所云“二者实看向内处, 稍移外便落情态矣, 情态易见”之意思.

可见, 对于精神(能量)存在不连续性, 曾国藩早就注意到了, 对于断续观察的“脱略”, 曾国藩也有些精辟的阐述, 只是他没有确定能量子的值(针线活), 是普朗克看到了瑞利公式的脱略, 做了慎重周密的“针线”活确定了量子, 所以诺贝尔奖还是应该授予普朗克.

笔者自觉对曾国藩之说扯上物理涵义, 有牵强附会、望文生义之嫌, 因为他不是物理学家, 连物理工作者都不是. 为了更全面地弄懂这段话, 笔者参考了明代高攀龙的笔

记“圣学全不靠静，但个人禀赋不同，若精神短弱，决要静中培拥丰硕. 收拾来便是良知，漫散去都成妄想……”，并请教笔者的朋友何锐.

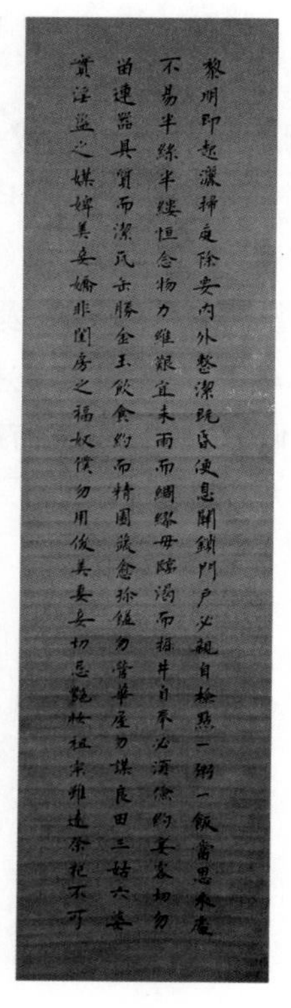

曾国藩录《朱子家训》（局部）

何锐对这段话很感兴趣，写道：曾氏此语，出自《冰鉴》，极为后人所重. 本义是用以识人鉴能的方法，具有极高智慧. 范老师却从中看出能量存在的不连续性，可谓独杼新见. 最关键的一句“断者出处断，续者闭处续”，其意为“精神不足，是由于故作抖擞并表现于外；精神有余，是由于自然而生并蕴涵于内（译自网络）”. 我们是否可以这样理解：精神有余，则视为高能状态，能量的不连续性就不明显；而精神不足，视为低能状态，则精神的断续性（也就是量子性）就显示出来了.

从纯文学角度对曾国藩此语录的理解：

人在精神抖擞时，很容易识见；而精神断断续续就很难识见了. 精神不济，会表现出来无精打采. 而精神有余，蕴涵于内，连绵不息. 所谓“收拾入门”，即是道家的内敛养气，去杂念，以静待动. 脱略，指性情大大略略. 针线，是指行事精细缜密. 故对尚未收拾入门者，要着重看其轻慢不拘. 对已经收拾入门者，则要侧重看其缜密精细. 对于小心行事的人，要在其尚未“收拾入门”时观察，这样就可以发现他的举动不精细，欠周密，好像漫不经心. 这种精神状态，就是所谓的轻慢不拘. 对于率直豪放的人，要在已经“收拾入门”的时候去看他，这样就可以发现，他的举动慎重周密，无有苟且. 这种精神状态，就是所谓的精细周密. 这两种精神状态，实际上是观内心，它们只要稍微向外一流露，立刻变为情态，而情态是容易看到的.

可见纯粹文学视角的理解与学物理者的理解大不相同. 将曾老先生对精神断续的分析权且作为能量量子化的“对应”，尚可自娱自乐吧. 或者说，曾国藩相人的观点与物理学家的量子理念有可类比之处. 再则说，大智如曾氏者也确实有点先知先觉，倘若不是，那为什么从未见有别人仔细谈论过精神之断续呢？

读张若虚的《春江花月夜》体会光量子

爱因斯坦早在撰写光电效应的论著时就指出:“用连续空间函数进行工作的光的波动理论,在描述纯光学现象时,曾显得非常合适,或许完全没有用另一种理论来代替的必要,但是必须看到,一切光学观察都和时间平均值有关,而不和瞬时值有关,而且尽管衍射、反射、折射、色散等理论完全为实验所证实,但还是可以设想,用连续空间函数进行工作的光的理论,当应用于光的产生和转化等现象时,会导致与经典相矛盾的结果.……在我看来……有关光的产生和转化的现象所得到的各种观察,如用光的能量在空间中不是连续分布的这种假说来说明,似乎更容易理解.”

或问:文学作品里有无佳句能区分光的经典描述和量子描述呢?

笔者以为是唐代张若虚写的《春江花月夜》中的两句:

“空里流霜不觉飞”,文人将它译为“月色如霜,所以霜飞无从觉察”,习物理者觉得这是光的经典描述.此刻我们考量“飞”,无需把它们看作光子.

而对于“月照花林皆似霰”,文人将其译为“月光照射着开遍鲜花的树林好像细密的雪珠在闪烁”,习物理者觉得这是光的量子描述,即光子.

如何研究量子力学——量子力学不外于吾心？

学习量子力学的同时，关注一下我国古人关于物理的论述是有益的，如明代王阳明在《答顾东桥书》写道："物理不外于吾心．外吾心而求物理，无物理矣."（请结合普朗克常数 h 的发现体会这句话，h 太小，人的感官觉察不到，是靠普朗克的"心之官则思"而得．）

王阳明像

其弟子王时槐（1522—1605）为之注解："阳明以意之所在为物，此意最精．盖一念未萌，则万境俱寂，念之所涉，境则随生.""意之所在为物，此物非内非外，是本心之影也."

明代儒学家刘宗周（1578—1645）更进一步说："心以物为体，离物无知．今欲离物以求知，是张子（宋代儒学家张载）所谓反镜索照也．然则物有时而离心乎？曰：无时非物．心在外乎？曰：唯心无外."反镜索照：以笑对镜镜亦笑，哭颜对镜镜亦哭，你眼里的世界是什么样子，你就活在什么样的世界中. 此所谓见理随物显, 唯人所感.

这使笔者联想起费曼写的: 量子力学发展以来人们所强调的……是这样一个概念, 我们不应当谈论那些我们不能够测量的事情……一个无法测量或无法直接与实验相联系的概念或观念可以是有用的, 也可以是无用的. 它们不必存在于理论之中……知道哪些观念不能直接检验总是好的, 但是没有必要将它们全部去掉. 认为我们只利用那些能直接实验测定的概念才能真正算作科学的这种看法是不正确的.

我们可以用从牛顿第二定理引申而来的虚位移原理和达朗贝尔原理来说明人所感悟的重要性. 这两个原理可分别用诗句概括为

天上虚传织锦梭, 人间哪得支机石.

解释如下:

（1）牛顿第二定理是针对“ 即时物理量” 而言的, 即瞬息变化的量, $F=ma$, 一旦力产生作用, 便有加速度; 一旦力撤去, 便保持惯性运动. 若想象有虚的反演力作用使得动态系统而静下来 (可谓“ 人间哪得支机石” 来平衡）, 则称为达朗贝尔原理. 用静力学中研究平衡问题的方法来研究动力学问题, 一般要引入惯性力. 达朗贝尔原理体现“ 即时物理量” 观点处理问题, 要点原是: 在每个瞬时, 作用在每个质点上的主动力、约束反力和假想的惯性力在形式上组成平衡力系.

例如: 一个用直杆做成的圆锥摆, 以恒定角速度绕通过杆的一端 O 的竖直轴转动, 求稳定情形下角速度 ω 与杆偏离竖直线的角度 ϕ 的关系.

设想一个幽灵抱着这根杆一起转, 他看到角度的偏离, 就认为有一个惯性离心力作用此杆的质心, 在杆上离开 O 点 l 处单位长 $\mathrm{d}l$ 的杆元受的惯性力是 $\rho S\mathrm{d}l\cdot l\sin\phi\cdot\omega^2$, 惯性离心力造成的力矩

$$M=\frac{1}{3}L^2\omega^2 m\sin\phi\cos\phi$$

由达朗贝尔原理知, 它与重力矩 $\frac{1}{2}Lmg\sin\phi$ 平衡, 故得到

$$\cos\phi=\frac{3\mathrm{g}}{2L\omega^2}$$

（2）将静态想象运动起来, 每个运动自由度在不破坏约束的情形下各自做虚位移（可谓“ 天上虚传织锦梭”, 梭是处在运动状态）, 成为虚位移原理. 其要点是: 在理想约束下, 作用在 n 个自由度系统上的主动力 $\vec{F_i}$ 在任何虚位移中所做的元功（即小位移 $\delta\vec{r_i}$）之和等于零.

$$\sum_{i=1}^{n}\vec{F}_i\cdot\delta\vec{r}_i=0$$

此公式说明，系统中的主动力之间是相互牵制的，原本是和谐平衡的多自由度系统，其中一个动了一下，其余的就要跟着动，所谓“牵一发而动全身”也. 而所谓理想约束，指的是约束反力在虚位移上不做功，或所作虚功之和为零.

量子力学也应该是不外于吾心的学问吧！量子物理学家玻尔也说：“就原子论方面，语言只能以在诗中的用法来应用，诗人也不太在乎描述的是否就是事实，他关心的是创造出新心像（image，就连物理学家说电子像粒子，就是心像，也是隐喻）.”此论符合王阳明所述.

笔者又想到了伽利略早年研究运动的相对性，坐在匀速开动的车上，眼睛盯着窗外看景色，可以说是车在动，也可以认为是景色在逆向运动. 但若把车厢用布蒙得严严实实，就不再知道车是否在运动，可是伽利略的心在动，想出了惯性系和运动的惯性定律. 所以外吾心而求物理，无惯性系矣！

在非惯性系中，例如刹车时看到人倾倒，却无旁人推他，此刻也是心在悟惯性力.

爱因斯坦曾回忆他的一个灵感的产生：

我坐在玻恩专利局的办公室里（1907 年），忽然想到了一个问题：如果一个人自由降落，他不会感觉到自身的重量. 我一惊，这个简单的想法给我留下了深刻的印象. 它促使我走向引力理论. 这是我一生中最绝妙的想法. 我认识到……对一个从屋顶自由下落的观察者来说，是没有任何引力场的……如果下落的人又抛下别的物体，那么这些物体相对于他来说处于静止或匀速运动状态……因此，这位观察者有理由称自己处于静止或匀速运动状态.

爱因斯坦对一个人自由下落的“主观”现象，动了心，心之官则思，产生了这个好想法，加以发挥，用加速度代替了引力，从而发现了广义相对论的等效原理.

在《秋声赋》中欧阳修感慨：“人为动物，唯物之灵；百忧感其心，万事劳其形.”学习和研究量子力学也不例外.

苏东坡谈了然于心

北宋的苏东坡不是物理工作者，但他关于文学研究的某些言论也适合研究物理．上述玻尔（研究物理）关注创造新心像的理念，苏东坡早就有阐述，他在《日喻说》一文中写道："故世之言道者，或即其所见而名之，或莫之见而意之，皆求道之过也．""道可致而不可求．"其大意为：故世上研究物理之道者，就自己片面之见来解释它，或是没有见地还要猜测它，这些都是研究过程中难免的过失．物理之道是靠循序渐进以获致，不可不学而强求．

在另一场合他又说："求物之妙，如系风捕形，能使是物了然于心者，盖千万人而不一遇见也，而况能使了然于口与手者乎？是之谓辞达．"其大意为：寻求客观事物的奥妙底蕴和生动意象，如系风捕影一般困难；能深刻认识、理解事物的人，少之又少．既能深刻认识、理解事物，又能生动形象地将之表达（或用说话、或用笔画）出来，就叫作辞达．

在苏轼的另一篇短文《书李伯时山庄图后》中他又强调："有道而不艺，则物虽形于心，不形于手．"

量子力学的发展史证实了苏东坡之所言，能"辞达"微观世界规律的有道有艺者, 少数几人而已, 他们系风捕形, 渐渐弥补"意不称物"之短, 心里所思, 能用手写的数学公式表达出来, 如海森伯矩阵, 薛定谔方程和狄拉克符号, 终于造就了如今我们见到和听到的量子力学理论. 笔者发明的有序算符内积分方法也为量子论之道添艺增术.

但即便是如玻尔那样的大家, 虽然提出了原子的定态轨道理论, 在某种程度上也只是如王夫之所言"得物态, 未得物理". 玻尔的电子轨道说后来被海森伯、薛定谔和狄拉克的理论所替代, 这说明研究物理有深浅之差别, 这就像古人很仔细地观察山, 好不容易才有感觉(视觉心理):

夜山低, 晴山近, 晓山高.

这是静观, 更有在看山时顾及云的影响的观察(动观):

云来山更佳, 云去山如画.
山因云晦明, 云共山高下.

这些诗句对物理人的观察和研究有参考价值.

系统状态与观测者并存

量子状态概念的本身仅仅属于原子客体, 而不需要引入观测者吗?

物理学家费曼指出: "当我们观察某个一定的现象时, 不可避免地要产生某种哪怕是最低限度的扰动, 这种扰动是观测的自洽性所必需的."

诡异的电子双缝干涉实验结果表明, 如果仅仅放了一个设备, 等电子发射完之后再去看, 看到的是干涉条纹; 不管你如何挖空心思, 在发射的同时观察, 只要你想了解粒子的径迹, 干涉图样就看不到. 是天机不可泄露吗?

爱因斯坦写道: "如果月亮在其环绕地球运行的永恒运动中被赋予自我意识, 它就会完全相信, 它是按照自己的决定在其轨道上一直运行下去. 这样, 会有一个具有更高的洞察力和更完备智力的存在物, 注视着人和人的所作所为, 嘲笑人以为他按照自己的自由意志而行动的错觉." 可见, 爱因斯坦也认为注视者是不可或缺的.

我国明代的王阳明在观察事物时, 早就有这样的观点. 有一个故事, 据说有一天, 王阳明与朋友同游南镇, 友人指着岩中花树问道: "天下无心外之物, 如此花树在深山中自开自落, 于我心亦何相关?" 王阳明答道: "你未看此花时, 此花与汝同归于寂; 你既来看此花, 则此花颜色一时明白起来, 便知此花不在你心外." 其实, 这段话也意指了心也在此际中明白起来.

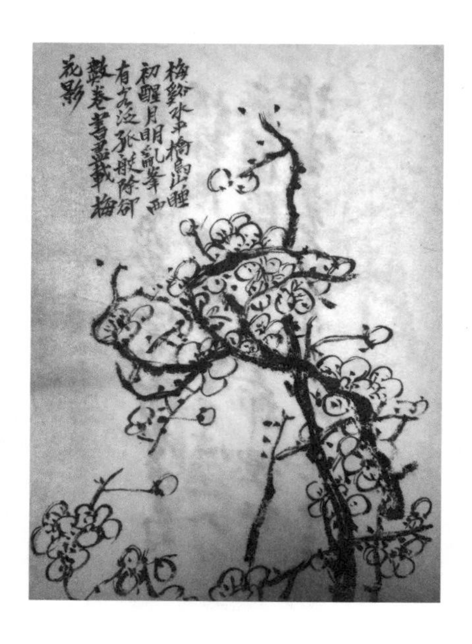

近代大画家吴昌硕画作《梅花图》的画意:“除却数卷书, 尽载梅花影.”

这里应该区分花的存在与欣赏花的美色, 王阳明说的是后者, “寂” 指的是寂寞或寂静.

这使人联想起《非诚勿扰》电视栏目, 当有男嘉宾来选心动女生时, 台上的 24 位姑娘一时靓丽起来, 所谓女为悦己者容.

以此类推, 觉得许多明快的景色都与人的心境有关, 如: 澄江一道月分明, 寒窗积雪写虚明, 林疏渔火见分明, 月傍关山几处明, 竹影当窗乱月明, 背日影池树影明, 净练无风写景明, 月痕渐浅觉窗明, 等等.

有批评者说: 按王氏所言, 山花的存在不是真实的, 只是人的幻相. 这是主观唯心主义. 联想到他还说过: “身之主宰便是心, 心之所发便是意, 意之本题便是知, 意知所在便是物.” “离却我的灵明, 便没有天地鬼神万物.” 对此, 批评者说: “离却心象, 没有鬼神可以理解; 离却人, 万物不是依旧存在么? ” 对王氏所论嗤之以鼻, 不屑一顾.

但是, 到了 “量子社会”, 量子理论的核心之一是对系统不做测量或观察的话, 其状态是一个各种可能的叠加态, 未能预期结果如何, 是测量才使得系统塌缩为确定态.

例如, 一个纯态是粒子数态 $|n_1\rangle$ 和 $|n_2\rangle$ 的线性叠加态 $|\psi\rangle = c_1|n_1\rangle + c_2|n_2\rangle$, 那么测量粒子数得到 $|c_1|^2 n_1 + |c_2|^2 n_2$, 我们从纯态 $|\psi\rangle$ 出发测量, 却以两个态 $|n_1\rangle$ 和 $|n_2\rangle$ 的混合物结束, 这个过程称为塌缩. 塌缩是测量引起的.

又如, 如果入射光波跟偏振片成 45 度角, 可以将它视为互成直角偏振的两个等强度波相干组合而成. 在量子论中, 即可以将跟偏振片成 45 度偏振的光子的量子态视为垂直偏振态和平行偏振态的叠加.

所以大师玻尔认为, 做了测量以后, 谈论单个量子系统的物理属性才有意义. 而测量是量子系统与测量仪器的一次耦合（或相互作用）, 无论仪器尺度如何大, 量子效应必然存在, 所以必须计入存在与观察者相联系的主观因素.

爱因斯坦也曾写道: “人防止自己被认为是宇宙过程中的一个无能为力的客体, 但发生的合法性, 例如它在无机界中多多少少地展露出来的, 会停止在我们大脑的活动中进而起作用吗？”

真所谓是“明性见心”. 笔者作为一个物理研究者对这四个字的理解是: 为了要明白物理性质, 是需要用心去体验的.

自然界有许多质是独立于人们的意识而客观地自存, 如形态、大小等, 这是事物的第一类质; 但还有第二类质, 其起源不来自事物本身, 而是从人的主观感觉的作用而产生的, 如气味、色彩、掂量等. 进一步, 笔者以为事物还有第三类质, 它存在于人的思维中, 即将感官的觉经过实验验证和心思定型的物理感觉（见笔者和吴泽著《物理感觉启蒙读本》）.

可见微观世界的状态, 某种程度上也如王阳明看花一样, 等人去测量才明白起来, 量子力学不外于观察者之心. 然而作者困惑的是如果问王阳明用意识去想花（而不是用眼睛看）, 是否花也明亮起来呢? 可惜王阳明的那位友人当时没有继续问. 主观唯心主义认为万事万物都是“我”的感觉、观念、意志、情感等的产物, 没有“我”就没有世界. 这个观点, 早在宋代的陆九渊就有了, 他认为: “万物森然于方寸之间, 满心而发, 充塞宇宙, 无非此理.”

量子实验似乎在说明, 心学中的“良知”思想——观察结果依赖于观察者主观意志, 这并不是一个纯哲学的说教, 虽然使得常人觉得诡异, 却是一个值得证实的事情. 如此一来, 量子测量理论给人的困惑也许使得王氏理论变得有市场了, 我们必须重新评价王阳明思想了.

量子力学的实验和理论发展到今天, 物理学家普遍接受了测量和被测物互相牵制. 但爱因斯坦也并不完全接受测量对于客体的影响, 他也曾困惑地问过同行, 在没有人注视的情形下, 月亮是否存在呢?

笔者觉得明清交际时代的王夫之的语录也许能解答爱因斯坦的疑虑, 他写道: “以为绝物之待而无不可者曰: ‘物非待我也, 我见为待而物遂待也. 执我为物之待而我碍, 执物以为待我而物亦碍.’”

笔者对这段话的理解是: 物并不依赖于我, 但是如果我认为物对我有依赖, 那么物就依赖我了. 如果让我作物的依赖, 那么我就成了妨碍; 如果以为物依赖我, 那么, 物便是我感官的外延, 从而妨碍了我对物的认知.

爱因斯坦未看月亮时, 此月亮与爱公同归于寂; 爱公既来赏月时, 则此月光的皎洁一时明白起来, 便知此月光不在他的心外.

惜乎, 量子测量理论至今还不成熟, 因为还有叠加态 (一只既活又死的猫——薛定谔的假想实验中的被观察对象) 的意义不明确, 更有量子纠缠的不可思议在日夜折磨着物理学家的神经. 何况, 在测量理论还不成熟的现状下, 实验物理学家宣称的物理测量结果正好是他想要测量的东西吗?

难怪天才物理学家费曼针对哥本哈根学说 (观察者的行为迫使量子世界从波函数所描述的大量概率中选择一种现实) 要发出这样的感叹: "你真的接受没有观察者就没有现实这种说法吗? 哪个观察者? 任何一个观察者吗? 苍蝇是观察者吗? 恒星是观察者吗? 在公元前 10^9 年生命开始的时候宇宙中就没有现实吗? "

费曼在普林斯顿大学的导师惠勒也有类似的高论: "现象在没有被观测到时, 绝不是现象."

《掩耳盗铃》新辩

联想到王阳明说花本来是寂的,人去看它,花才精神起来呈现美,笔者不禁体会到《吕氏春秋》中的一则寓言《掩耳盗铃》还有深意可探.其原文为:

范氏之亡也,百姓有得钟者,欲负而走,则钟大不可负;以椎毁之,钟况然有音.恐人闻之而夺己也,遽掩其耳.恶人闻之,可也;恶己自闻之,悖矣!

其大意为:

春秋时期,晋国贵族智伯灭掉了范氏.有人趁机跑到范氏家里想偷点东西,看见院子里吊着一口大钟.钟是用上等青铜铸成的,造型和图案都很精美.小偷心里高兴极了,想把这口精美的大钟背回自己家去.可是钟又大又重,怎么也挪不动.他想来想去,只有一个办法,那就是把钟敲碎,然后再分别搬回家.小偷找来一把大锤,拼命朝钟砸去,"咣"的一声巨响,把他吓了一大跳.小偷着慌,心想这下糟了,这钟声不就等于告诉人们自己正在这里偷钟吗?他心里一急,身子一下子扑到了钟上,张开双臂想捂住钟声,可钟声又怎么捂得住呢!钟声依然悠悠地传向远方.他越听越害怕,不由自主地抽回双手,使劲捂住自己的耳朵."咦,钟声变小了,听不见了!"小偷高兴起来,"妙极了!把耳朵捂住不就听不见钟声了吗!"他立刻找来两个布团,把耳朵塞住,心想,这下谁也听不见钟声了. 于是就放手砸起钟来, 一下一下, 钟声响亮地传到很远的地方. 人们听到钟声蜂拥而至, 把小偷捉住了.

故事比喻了愚蠢自欺的掩饰行为.

这里就此故事中小偷把耳朵捂住听不见钟声这个举动说说与当今量子论有关的热门话题, 即自然现象与人的感知的关系, 现象之所以成为现象, 是因为有人去测量它.

因为大物理学家费曼曾考虑过这样一个问题: “如果一棵树在森林中倒了下来, 而旁边没有人听到, 那它真的发出了响声吗?……会留下其他的迹象……有一些荆棘擦伤了树叶……留下细小的划痕……在某种意义上, 我们必须承认它曾经发出过声音. 我们也许会问: 是否有过声音的感觉呢? 大概没有, 感觉一定要意识到才有意义. 蚂蚁是否有意识……树木是否有意识, 这一切我们都不知道.”

费曼的问题似乎一针见血地剖析了这个小偷的想法与做法, 即小偷认为钟响是由于人去听才有的, 若捂上耳朵不听, 就无此意识.

古人的寓言真是别有寓意啊!

费曼谈看花

有大智慧的人往往会在异时、异地想到同一问题, 但结论却有相似之处. 在王阳明发表对看花的“奇谈高论”后的 500 年, 美国大物理学家费曼也写了关于看花的经验.

费曼像

“我的一个朋友是位艺术家, 他和我常常在一个问题上看法不同. 他会拿起一枝花, 说: ‘看这花多漂亮.’ 我很同意; 可紧接着他会说: ‘我作为一个艺术家, 可以看到一枝花是多么美丽. 可你们科学家总是把它分解得支离破碎, 弄得干巴、枯燥无味.’

我觉得他有点头脑不清. 首先, 他所领略的美也同样被我和其他人看到. 尽管在艺术美学上我不如他那么训练有素, 品味细致, 但是一朵花的美丽我还总是会欣赏的! 其次, 我从这朵花里领略到的比他要多得多. 我能想见花里边的一个个细胞, 它们也很美. 美不仅存在于肉眼可见的度量空间, 而且也存在于更细微的度量空间. 在这细微的度量空间中, 细胞有着精妙复杂的功能和过程. 花的漂亮颜色在进化史上的功能是吸引鸟儿替它们传播花粉, 这也意味着鸟儿必须能看见颜色. 这就又提出了一个新问题: 我们的美感是不是其他低等一点的动物也有的呢? 这些有趣的问题都是在有了科学知识之后才能提出的, 它们在视觉美感之上又增加了一层神秘和奇妙……"

看来知识越多, 问题越多, 连绝顶聪明的费曼也在量子力学迷宫中陷于困惑. 而王阳明在这方面有先觉, 他是在很偏僻的蛮夷地——贵州龙场悟道的人, 所以他看花的观点与常人异, 在鬼门关进出过的人才会悟到花在没人欣赏之时也只是寂而已.

从薛定谔的颜色观分析王阳明的看花论

假定现代量子论的奠基者之一薛定谔听说了王阳明的看花的论述, 他会如何评价呢? 让我们从他的名著《生命是什么》来找答案. 在《感知的奥秘》节中, 薛定谔写道: “如果问一名物理学家黄色光是什么, 他会告诉你它是波长在 590 纳米范围内的横向电磁波. 如果接着问他黄色来自何处? 他会说: 在我看来根本没有黄色, 只是当这些振动接触到健康眼睛的视网膜时, 会使人产生黄色的感觉.”

所以薛定谔总结说: “物理学家对光波的客观描述无法解释色彩感.” “独自反映世界事物的沉思的意识只在和一个特殊的生物学设置相联系时才临时出现, 而这个设置本身十分明显地在执行某种任务, 以推进一定的生命形式, 维持它们的存在, 并支持它们的保存和繁殖.”

看来, 薛定谔先生起码不会对王阳明的看花论表示惊愕而奉献上一顶唯心论的帽子. 而且, 按薛定谔的分析来解读王阳明的看花论就是:

人对花的视觉产生了美的意识, 隐含了人的目光对花有莫名的作用, 花反应过来回馈到王阳明的视网膜, 再产生其心觉——美. 这也使我联想起向日葵在阳光下的转向, 难道也支持了王阳明的看花论吗? 为什么大油画家梵高又那么钟爱向日蔡呢? 我不禁

赋诗一首:

夜题贾新德拍向日葵照

生平不入阴霾伍,情煊梵高作画友.
自摅胸臆粒参差,脸随太阳转左右.
心朗充满光炽烈,身舞跃出律节奏.
如此多福又多子,人生夫复又何求!

向日葵(贾新德摄)

另一位数学物理学家冯•诺依曼说:“如果玻尔所说的量子效应真的普遍适用,那么量子力学就不可避免地要与意识打上一仗.”

王阳明之逊色于马赫

在历史上, 王阳明的心学（看花色明）“心外无物”说隐含了以心抑物的倾向, 故他不提倡做实验, 没有对中国的科学进步作出什么贡献, 尽管他也强调知行合一.

一个很典型的例子是明代正德年间状元舒芬向王阳明考问律吕学术. 王不正面回答, 反问他音乐的元声. 舒芬回答: “元声制度记载颇为详细, 但是没有刻意设置密室进行试验.” 王说: “元声岂得之管灰黍石间哉? 心得养则气自和, 元气所由出也.” 舒芬顿悟, 即拜王为师.

“元声”本是一个乐论概念, 乐有十二律, 以黄钟为首（准）, 元声便是黄钟. 其定调本应“刻意设置密室进行试验”, 但王阳明认为元声岂能在管灰黍石（审音乐器的材质）间求得, 只在心上求. 明清时期的人知道此事的, 都夸奖王阳明求丝竹管弦不在外物, 而在内心, 在于良知. 可是王阳明的致良知的内心活动, 只是思辨而已, 与近代物理始祖伽利略通过做实验思考物理是不能相提并论的.

诚然, 伽利略也思辨, 他把重物和轻物粘在一起来推断下落的结果, 驳斥自由下落时重物比轻物快的谬论, 并且亲自上比萨斜塔做实验验证. 笔者曾去过比萨, 见那受重力倾斜的巍塔边, 有一个大教堂, 似乎象征科学的唯物成分与宗教的唯心成分为伴.

与王阳明的“人者, 天地万物之心也; 心者, 天地万物之主也. 心即是天, 言心则天地万物皆举之矣”信条可有一比, 奥地利物理学家恩斯特 • 马赫则认为感觉是世界的本质, 否认独立于意识之外的客观世界的存在. 他写道: “物是感觉的复合.”“一切‘物体’只是代表要素(感觉)复合体的思想符号.”“科学的目标, 就是理解这些要素直接或间接的变化……在这个意义上, 毫无疑问, 世界就是我们的感觉.”

马赫之说当然有严重的缺陷. 例如, 它不能判断科学预见是否也属于感觉, 也不能将科学家对客体做实验所得结果仅仅解释为感觉的集合体, 更不能将数学推导出物理理论说成是经验感觉.

但马赫却做实验, 正如爱因斯坦在 1916 年悼念去世不久的马赫时写的: “从马赫的思想发展来看, 他是一位勤奋的、有着多方面兴趣的自然科学家, 而不是一位把自然科学选作他的思辨对象的哲学家. 对于他来说, 人们普遍不注意的、焦点之外的细节问题是他的研究对象. 他研究那些东西时感到愉快(例如他研究子弹在超声速运动时其周围的空气密度的变化).” 爱因斯坦也称赞马赫的独立的批判精神, 如他对牛顿水桶实验的解释中所显示的.

与如此强烈地喜爱观察和理解事物的马赫相反, 中国古代的聪明人虽然也有“穷理”之说, 在与事物的接触中探求其理, 但是当他们看到事物是无穷的, 就感叹“其为力也劳, 为功也少”, 而转向尽性之路, 即顺着人的本性去应付事物及其变化了.

比较爱因斯坦之评价马赫和舒芬的服贴于王阳明, 使笔者理解中国近代的自然科学之所以落后, 原因之一是看问题时几乎都不是从现象到理论, 而是从理论到现象, 更不结合思考去做实验.

其实, 马赫的感觉说的某些具体内容对物理进步是有帮助的. 例如, 马赫写道:

物理学家的时间与时间感觉系统不一致. 当物理学家要界定一段时间时, 他用相同的或假定为相同的过程, 如摆的振动、地球的旋转等, 作为度量的标准. 这样, 与时间感觉相联系的事实就受一个反应的制约, 并且这个反应的结果, 即所得到的数目, 代替了时间感觉, 去对思想进展做更准确的决定. 与此完全一样, 我们调节关于热过程的思想, 不是按照物体提供给我们的热感觉, 而是按照这样一种更确定的感觉, 这种感觉是由查看水银柱的高度, 从温度表的反应得来的. 通常以空间感觉(地球的角度或表盘上的时计路程)代替时间感觉, 又以一个数目代表空间感觉.

读了这段话, 就容易想到不同的惯性系上的人有他自己“感觉”的钟, 也许爱因斯坦所提出的同时的相对性以及时空一体观就是从马赫那里得到的启迪. 马赫的系列书中对牛顿的绝对时间、绝对空间的批判(他认为物体并没有绝对的加速度, 而只有相对于遥远星系的加速度)以及对惯性的理解, 对爱因斯坦建立广义相对论起过积极的作用, 成为后者写出引力场方程的依据. 难怪爱因斯坦把马赫书中阐述的思想称为马赫原理. 所以, 爱因斯坦又说: "甚至那些自以为是反对马赫的人, 也很难搞清他们究竟知道多少马赫的观点, 实际上他们汲取马赫的思想就如同吮吸他们母亲的乳汁一样."

马赫的"感觉论"也对量子力学哥本哈根学派的一些物理学家产生过强烈的影响. 例如, 惠勒曾引用玻尔说过的话: "任何一种基本量子现象只是在其被记录之后才是一种现象."

物理学家狄拉克曾说起过哥本哈根学派创始人尼尔斯・玻尔的一个小故事: 有一次在离哥本哈根不远的地方散步时, 玻尔让我们注意他的手杖, 他说: "如果用这根手杖作为观测的工具, 那么在它撞击不同物体时, 仿佛触觉是在手杖末端, 而不是在握它的手上, 尽管正是手接受撞击感觉的. 手杖好像正是人手的延长."

量子力学发展到现阶段, 测量与人的感觉不可分, 物理学家似乎应该重新评价马赫的思想了.

笔者的朋友何锐看了这段文字, 写信说:

马赫的思想基本上是唯心主义的（或者是心物一元论的）. 我们对世界的认识无一不是直接或间接来自我们的感觉器官, 很难想象出离开我们的感觉经验以外, 我们对世界还有什么确定不移的认知. 而对感觉经验的综合判断, 又离不开人的意识, 因而从这个态度出发引发出唯心主义的世界观是在所难免的. 但是, 世界呈现给我们的绝不是那么简单, 自然科学告诉我们, 我们可以重复地做同一个实验都会得出相同的结果, 而且这个结果可以用自然科学的原理来预测. 既然如此, 我们仿佛又不得不承认在独立于人的意识之外有一个客观的世界——物质世界, 这个客观世界受到严格的因果铁律宰制. 如果人们的思想进一步延伸, 就会觉得身体也是物质的, 意识只不过是身体的物质反映, 这样就形成了绝对的唯物主义世界观.

但是, 现代科学特别是量子力学的发展正在严峻地挑战纯粹唯物主义的思维模式. 首先, 量子力学的测量问题悬而未决, 在其中仿佛需要意识的介入, 这也给唯心论者的逆科学思考预留了一定的空间. 其次, 量子力学中还有诸多问题, 比如 EPR 佯谬涉及的全域相关性理念, 这在爱因斯坦看来是幽灵般的超距作用, 却成为量子信息理论的研究基础. 马赫的感觉学说, 与其说是唯心论, 毋宁称其为心物一元论, 因为它统合了物质和精神实体, 代之以他所谓的"要素"的复合体, 因此他也消解了康德所谓的现象世界之外的本体（也即物自体）, 因此马赫的学说从根本而言是一种经验主义. 他对科学的见解很独到, 科学只能描述而不能解释, 为什么这么说呢? 我以为在这里他肯定了真理的相对性, 同时也给科学的本质下了一个定义, 既然科学建立在概念的基础上, 而概念无非是建立在感觉基础上的抽象物, 我们没有理由认为科学描述的对象的客观性, 其对应着真实不二的世界.

同马赫一样, 我国明清交替期间的王夫之也有物理感觉论, 他说:

耳有聪, 目有明, 心思有睿知. 入天下之声音研其理者, 人之道也. 聪必历于声而始辨, 明必择于色而始晰, 心出思而得之, 不思则不得也. 岂蓦然有闻, 瞥然有见, 心不待思, 洞洞辉辉, 如萤乍曜之得为生知哉? 果尔, 则天下之生知, 无若禽兽.

其意思是说, 凭借感官心知, 进入世界万物声色之中, 去探寻知晓事物的规律, 这才是认识世界的途径.

人性与物性

王阳明“物理不外于吾心说”，使笔者想起人性与物性的关系.

常言道天人合一，有人将其注解为人与自然的相互和谐，即把“天”字解释为自然. 其实，人也属于自然，人类的生生不息应与自然相互和谐.

笔者以为天人合一也可理解为人性与物性的和谐. “物性”是物理学范畴的，常作为“物理性质”的简称.

人性应适应物性. 例如，唐太宗李世民了解水的物性，说出“水能载舟，亦能覆舟”，他把百姓比作水，把君主比作船，水既能让船安稳地航行，也能将船推翻吞没，沉于水中，所以他施仁政，有贞观之治.

古人也把水、冰、汽（虹霓）三态的性质赋予人的秉性，如用“水性杨花”形容见异思迁、行为不端的女子，用“玉洁冰清”描写坚贞自爱的女子；用“冰冻三尺非一日之寒”描写成功的人在于有恒心，用“气吞虹霓”形容人的气魄宏大.

又例如，认识到水位高有势能，飞流直下，就将人分为两类，有甘愿随波逐流的，也有敢浪遏飞舟的. 看到水有浮力，就拿“心浮气盛”来形容人性情浮躁，态度傲慢.

物性也能感动人性. 古人曰：“霜露既降，君子履之，必有凄怆之心，非其寒之谓也.

春雨既濡，君子履之，必有怵惕之心，如将见之."

又如，见到闪电，听到雷声，恶人怕被雷击，就想从善．见到太阳照亮群山，人就拿"阳煦山立"自喻，追求性格温和，品高行端．见月有阴晴圆缺，就拿来泛指生活中经历的各种境遇和由此产生的各种心态．

总之，人性是物性的绽放，人从小五官受物触动，则心有所感，自然而然，而不知其所以然也．如此说来，顺其自然的人应该是人性高尚的人吧．

众所周知，在自然界中，物与物之间可以有感应，如静电感应．动物与自然现象可感应，如月出惊山鸟；又如学材料物理出身的浙江籍的中国科学技术大学校友何海平的近作《咏蝉》：

入夏蝉声急且繁，不分日盛与宵阑．
拼将泥下三年苦，换得枝头一月欢．
出处自依时令转，死生何计鸟虫餐．
但留遗蜕堪明目，俾见浮生桀亦难．

动物与动物之间可感应，如兔死狐悲，狐假虎威；人和人之间可感应，如心有灵犀一点通．人和天可感应，如历史记载，荆轲入秦刺秦皇，燕太子送之易水上，精诚格天，白虹贯日．

又人和物可感应，如欧阳修作的《尝新茶呈圣俞》诗中写道："夜闻击鼓满山谷，千人助叫声喊呀．万木寒痴睡不醒，唯有此树先萌芽．"诗中描述的是在惊蛰鸣雷时节，南方的茶农聚集起来齐声高喊："茶发芽，茶发芽！"

从王阳明追溯到柳宗元、欧阳修，兼谈顾炎武

都以为致“良知”的思想起源于明代的王阳明（1472—1529）．其实，美丽的山水是否是由于有人看了以后才明白起来这个判据，其正确与否的讨论，可以追溯到唐代的伟大文学家柳宗元（773—819）．他被贬到蛮夷之地，在《小石城山记》中写道：

噫！吾疑造物者之有无久矣．及是，愈以为诚有．又怪其不为之中州，而列是夷狄，更千百年不得一售其伎，是固劳而无用．神者傥不宜如是，则其果无乎？或曰：“以慰夫贤而辱于此者．”或曰：“其气之灵，不为伟人，而独为是物，故楚之南，少人而多石．”是二者，余未信之．

其大意为：

唉！我怀疑有没有造化已很久了．看了这儿，愈加以为确实有．但又怪这样好的风景不安放到中州，却生在蛮夷之地，它的胜迹即使经过千百年也没人知道，这真是劳而无功的．倘若不是这样，那么造化果真没有的吧？有人说：“这是用来安慰那些被贬逐在此地的贤人的．”也有人说：“这地方钟灵之气不孕育伟人，而唯独凝聚成这奇山胜景，所以楚地的南部少出人才而多产奇峰怪石．”这两种说法，我都不信．

而笔者读了这段话，相信在蛮夷之地的奇景是用来“以慰夫贤而辱于此者”，以顾炎

华山一景

武（1613—1682) 的《复庵记》所记述来佐证:

太华之山, 悬崖之巅, 有松可荫, 有地可蔬, 有泉可汲, 不税于官, 不隶于宫观之籍. 华下之人或助之材, 以创是庵而居之. 有屋三楹, 东向以迎日出.

余尝一宿其庵, 开户而望, 大河之东, 雷首之山, 苍然突兀, 伯夷、叔齐之所采薇而饿者, 若揖让乎其间, 固范君[1]之所慕而为之者也. 自是而东, 则汾之一曲, 绵上之山, 出没于云烟之表, 如将见之, 介子推之从晋公子, 既反国而隐焉, 又范君之所有志而不遂者也; 又自是而东, 太行、碣石之间, 宫阙山陵之所在, 去之茫茫, 而极望之不可见矣! 相与泫然.

在《邕州柳中丞作马退山茅亭记》中柳宗元更有这样一段表述: “夫美不自美, 因人而彰. 兰亭也, 不遭右军, 则清湍修竹, 芜没于空山矣.” 意思是: 不存在一种实体化的、外在于人的“美”,“美”离不开人的审美活动. 甚至像兰亭这样的地方, 如果不是王羲之

① 范养民, 在崇祯宫中担任太子的伴读. 当李自成挟持太子和另外两个王子离开北京, 范先生料到他一定要向西逃, 于是抛弃自己的家自京师徒步西行, 打算尽自己的职责. 但是太子下落不明, 范先生就入华山当了道士.

顾炎武时期文人用的旅行小瓷砚

写了《兰亭序》，那么它的清湍修竹，荒芜没于空山矣，又有谁知道呢？

柳宗元认为“好风景生在蛮夷之地而没人知道，是劳而无功神灵的”的观点，在明代的进士王思任的《游唤》序中得以承袭．他写道（摘录）：

天地定位，山泽通气，事毕矣．而又必生人，以充塞往来其间，则人也者，大天、大地、大山、大水之所托以恒不朽者也．

夫天地之精华，未生贤者，先生山水．故其造名山大川也，英思巧韵，不知费几炉冶，而但为野仙山鬼、蛟龙虎豹之所啸据，或不平而争之．非樵牧，则缁黄耳．而所谓贤者，方如儿女守闺阈，不敢空阔一步．是蜂蚁也，尚不若鱼鸟，不几于负天地之生，而羞山川之好耶？

其大意为：

远古之时，天地开辟，天高地卑之位已定．山川河流之气息相通，造物主创造宇宙大功告成．而后又要创造人类，让他们充斥往来天地山川河流之间，那么人类便是伟大的天地、山水永恒不衰的依托．

天地的精华，在未造就贤人之前，就先创造了山山水水．所以它在创造名山大川时，其匠心独运，不知经过了多少锤炼，可是创造出的这些灵山异水，只是被野仙山鬼、蛟龙虎豹呼朋引伴啸聚占领，或者因为占有不均而相互争夺．除此而外，不是樵夫牧人砍伐放牧，就是和尚道士谈禅诵经．而所谓的贤人，却正如小孩一样守着狭小深闭的家，不敢多向外界迈一步．这样的蜂蚁之人，连鱼鸟都比不上，岂不是辜负天地生育的大德，应该在大好河山面前感到羞愧吗?

清代的戏剧家李渔甚至认为不会欣赏花鸟, 也是"劳而无功神灵的". 他写道: "花鸟二物, 造物生之以媚人者也. 既产娇花嫩蕊以代美人, 又病其不能解语, 复生群鸟以佐之." 大意为: 花和鸟这两种东西, 造物主把它们创造出来, 就是让它们取悦于人的呀. 创造出妩媚可爱的花卉来代替美人之后, 又担心它们不能发声说话, 又创造了成群的鸟辅助百花.

在物理学家看来, 这不单是一个涉及审美活动本质的极其重要的美学命题(自然美因为人的欣赏而使其价值得到呈现), 也强调了人的观察决定了系统的状态.

文人气息相通, 柳宗元的思想也感染了宋代的欧阳修(1007—1072).

笔者曾和潘宜滨、张鹏飞等几个朋友去了滁州琅琊山一游, 在醉翁亭小憩, 回家又重读了欧阳修的《醉翁亭记》, 文章中写道:

太守与客来饮于此, 饮少辄醉, 而年又最高, 故自号曰醉翁也. 醉翁之意不在酒, 在乎山水之间也. 山水之乐, 得之心而寓之酒也.

若夫日出而林霏开, 云归而岩穴暝, 晦明变化者, 山间之朝暮也. 野芳发而幽香, 佳木秀而繁阴, 风霜高洁, 水落而石出者, 山间之四时也. 朝而往, 暮而归, 四时之景不同, 而乐亦无穷也.

至于负者歌于途, 行者休于树, 前者呼, 后者应, 伛偻提携, 往来而不绝者, 滁人游也. 临溪而渔, 溪深而鱼肥. 酿泉为酒, 泉香而酒洌; 山肴野蔌, 杂然而前陈者, 太守宴也. 宴酣之乐, 非丝非竹, 射者中, 弈者胜, 觥筹交错, 起坐而喧哗者, 众宾欢也. 苍颜白发, 颓然乎其间者, 太守醉也.

已而夕阳在山, 人影散乱, 太守归而宾客从也. 树林阴翳, 鸣声上下, 游人去而禽鸟乐也. 然而禽鸟知山林之乐, 而不知人之乐; 人知从太守游而乐, 而不知太守之乐其乐也. 醉能同其乐, 醒能述以文者, 太守也. 太守谓谁? 庐陵欧阳修也.

笔者才知道, 心乃生发山水、花卉之美之源泉的观点, 北宋欧阳修的文章中已经谈到了(比王阳明的观点早几百年). 以往笔者读《醉翁亭记》, 只注意语句"醉翁之意不在酒, 在乎山水之间也", 而不太注意文中的"人知从太守游而乐, 而不知太守之乐其乐也. 醉能同其乐, 醒能述以文者, 太守也"这段话, 正是太守述的《醉翁亭记》这篇游记, 才使得琅琊山的景色一时"明白"起来, 千年以来访滁州的游客往来而不绝. "太守之乐其乐"是他有别于其他游客的良知.

欧阳修还指出"然而禽鸟知山林之乐, 而不知人之乐", 这也是与王阳明心学吻合的观点. 欧阳修知道禽鸟知山林之乐, 这和庄子知道鱼儿的快乐, 其道理是一样的啊. 禽鸟的快乐容易被人感知, 但人的快乐不能被禽鸟感知, 也不容易被别人揣摩, 故"人知从太守游而乐, 而不知太守之乐其乐也(太守快乐于老百姓的快乐)".

说欧阳修重视人观察自然所起的主观作用, 还可以从他请曾巩固写一篇《醒心亭》这件事看出. 而“醒心”这两个字是从唐代韩愈的一篇文章中摘录来的. 笔者于是作诗感叹:

琅琊享名仰欧公, 太守之乐与民同.
禽鸟羞见真游客, 从人怎知假醉翁.
花抖精神因观赏, 月行天际随万众.
如今时髦量子论, 应在物我混沌中.

朋友何锐读了此诗后, 写道:

此诗立意深远, 似不太好解. 余不揣鄙陋, 强作解人.

“琅琊享名仰欧公, 太守之乐与民同”一句与《醉翁亭记》中太守“醉能同其乐”相应, 说明了欧公在看似歌舞升平的盛世中能够与民同乐. “禽鸟羞见真游客, 从人怎知假醉翁”此一句话锋立转, 即有弦外之音, 禽鸟只知山林之乐, 越清幽越好, 故曰“羞见”, 而不识游客亦喜爱山林; 同样, 与太守从游的人, 与禽鸟一样, 只识太守表面上的快乐, 而不知醉意朦胧的太守其实心中明明白白, 有不可言说的苦恼, 正所谓“知我者谓我心忧, 不知我者谓我何求”. “花抖精神因观赏, 月行天际随万众”, 此一句说明了花月本是无情物, 但却因人的心境而似乎变成了有情之物, 这句诗同时也说明了诗人在诗兴正浓时, 能够物我两忘, 主客为一. 最后一句“如今时髦量子论, 应在物我混沌中”破题, 点出了如今量子论的尴尬之处, 大家知道, 量子测量可以改变客体, 测量来自于意识主体, 这即说明了主客本来就是不可绝对断为两截相对立地看待. 全诗逻辑清晰, 哲理深刻, 借重读《醉翁亭记》为题, 说明了自己的哲学观.

而学习和研究物理的人, 除了体会自然景色之美, 还能致“良知”于物理. 例如, 威尔逊于 1894 年的一天在苏格兰的一个山顶上闲来无事, 注目云彩被阳光照射后发生的绮丽彩环, 十分壮观, 久久不愿离开. 1985 年他在苏格兰高原研究气象学时, 让一个容器中几乎就要冷凝的饱和水蒸气突然绝热膨胀, 容器中的温度降低到露点以下, 蒸气处于过饱和状态, 再将带电粒子射入容器内, 在粒子的行径上, 有许多分子电离, 成为过饱和蒸气凝结的核心, 随着出现指示粒子路径的雾迹. 这还可以用来探寻粒子行进的轨迹, 他于是发明了云雾室.

此段小故事不也说明了“天下无心外之物理”吗? 2018 年笔者到在山东菏泽的成武一中给中学生讲授物理感觉启蒙, 座上一学生问: “物理规律是自然界原本有的, 还是人去研究它才有? ”

笔者回答说: 你的问题与王阳明的看花论如出一辙, 你只需看看如今专家如何评价王阳明就可以了.

谈爱因斯坦为什么拒绝被心理师分析

——不愿从叠加态塌缩为确定的态

爱因斯坦像

王阳明的看花“使得花颜色一时明白起来”, 还使笔者想起爱因斯坦的一段经历.

1927 年, 德国一位声称自己是政府官员同时又是心理学家的人写信给爱因斯坦, 问他是否愿意做他心理分析的对象. 心理学是心理学家试图用大脑的思维运作来解释个体具体的或习惯性的行为, 也讨论心理活动对个体心智的反作用, 并尝试解释个体心理机能在社会中的角色. 这个官员想写一本以分析重要人物的心理为依据的书, 他选中了爱因斯坦.

爱因斯坦的回答是: “很遗憾, 我不能接受你的邀请, 因为我宁可处在未被心理分析的黑暗之中.”

一开始笔者揣摩为什么爱因斯坦会断然拒绝这份“好意”, 认为爱因斯坦的人生目的很明确, 很执着, 心理很健康, 也许比那位官员还健康呢. 他用得着别人来揣摩他吗? 来“Shed light on his inner heart…”吗? 而且, 物理学家在与自然打交道试图了解其规律时, 从心理学说来, 是一种自我调整, 与画漫画差不多, 因为研究物理就是为自然现象画一幅有趣的写意画, 这能够排泄积压的情绪、梳理胸中的纠结.

现在笔者有了一个新的揣摩, 爱因斯坦拒绝被心理师分析是不愿从"叠加态"塌缩为确定的态. 不被分析, 他就处于一个不确定的朦胧的叠加态, 有神秘性.

记得有一次笔者在山西五台山庙宇游览时, 有位穿戴似乎僧人模样的人招呼我, 要给我算命, 说我鼻梁高有状元相, 他要详述分解与我听. 算命, 在某种很狭隘的意义下, 我认为就是心理窥探. 所以我对他说, 我的命薄, 是"劳碌命", 就是辛苦干活的命, 不劳你算了. 而弦外之音是, 我处在幸运和不幸的叠加态上, 被你一算, 则塌缩了到了一个我忌讳的态上去, 如同薛定谔的猫那样, 未经测量, 其生死混沌. 一旦被观察, 非生即死. 难怪清代的郑板桥要说: 难得糊涂.

量子力学相算符与人之相面

马赫说的"物是感觉的复合", 使笔者想起来相面——通过看面相占卜前途、命运.

相面是一种广义的"测量", 指从身材、相貌、气色等判断个人信息与命运的"学科", 它与周易相关. 古人对相面颇津津乐道, 例如北宋的大学问家欧阳修说: "少时有僧相我: '耳白于面, 名满天下; 唇不着齿, 无事得谤', 其言颇验." 这事被苏东坡听说后, 半信半疑, 评论道: 耳白于面是大家都见了的, 至于唇不着齿, 我没见过, 也不敢去问欧阳修. 而在笔者想来, 这是欧阳修说着玩的. 古人的头发长, 耳朵常被遮盖, 见阳光少, 耳白于面是很自然的, 不应作数.

面相也或多或少地反映一个人的个性, 尤其是眉毛. "眉者, 媚也. 为两目之翠盖, 一面之仪表, 是谓目之英华, 主贤愚之辨也."

在清代, 面相甚至决定了科举考试中考生的命运. 清代有这样的制度, 对于会试落榜的举人, 特设大挑一科（挑知县）, 不试文章书法, 专看相貌. 挑选的标准是: "同田贯日, 身甲气由." 同字代表面孔方长; 田, 面孔方短; 贯字代表头大身子直长; 日字代表身材适中而端直. 符合这"同田贯日"的, 就有望入选. 而被认为身材是属于"身甲气由"的, 就被淘汰出局.

面相与人的职业有些关系, 譬如歌手的嘴巴大小超过一般人的平均嘴巴尺寸, 关于这一点, 细心的观众可以从电视中演播的歌唱比赛的歌手看出. 但说相面是“学科”, 是否科学, 尚未有定论. 合肥老街区经常有相面人两两三三出没, 有一次笔者旁听一个妇女请一相面先生拿主意她要不要与丈夫离婚, 那位先生王顾左右而言他, 说是你若在三个月后碰到不快的大事就离, 碰到喜事就不离, 好一个搪塞. 所以相面起码可以称作是民间的巧舌如簧术. 相面先生是通过如中医那样的望、闻、问、切加上模棱两可、察言观色来与顾客周旋的.

其实, 更加广义的相面应该包括相背, 若是一个熟人, 见其背影, 也可以判断那个人是谁, 因为一个人的背影也是那个人的表象之一, 朱自清先生曾专门以“背影”为题写了一文怀念他的父亲.

广义的相面还应该包括听一个人的发声, 所谓“如闻其声, 如见其人”. 一般而言, 如某人的声音如狼嚎, 则应远避之.

以笔者的愚见, 若想把相面沾上些科学的成分, 应该用回归分析方法, 即先搜集上万个人（包括名人、隐士等各色人）的相貌特征及其命运的资料, 分析他们的命运和身体特征的相关关系, 做出相应的散点图, 再建立非线性回归方程. 在此基础上, 用随机梯度下降 (Stochastic Gradiant Decent) 方法求解. 但是, 这是个多元问题, 又是非线性的, 其解是很困难的.

文史学家钱玄同(“两弹一星”元勋钱三强之父)的“宝相”私章，边款为“丁亥，钱玄同”

在物理学中，相是十分重要的物理量，波动的干涉、衍射都取决于相的叠加．姑且将相面对应量子力学的相算符，测量相用外差拍仪器装置．在量子力学早期，狄拉克就引入相算符，它的定义是粒子的产生（或湮灭）算符除去振幅的部分，这与一个复数做极分解类似，复数是其模和相因子的乘积．鉴于狄拉克引入的相算符不是幺正的，而量子力学理论要求可观测量（相角）必须对应厄密算符，所以笔者曾用纠缠态表象引进新的幺正相算符及厄密的相角．经过与量子力学的相算符的对比，笔者的看法是：

一个“人”＝ 气质 × 外相

人的气质相当于波的振幅，但气质也会影响外相．虽则说：“人禀天地之气，有今古之殊，而淳漓因之；有贵贱之分，而厚薄定焉．”可是，当一个人常做善事，会改变相貌（对应于相移），不少历史故事都有如此说．所以笔者相信，人通过学习反省能改善气质，故也能改善面相．

亮线光谱的玻尔解释

将布条蘸上食盐燃烧, 它发射的光谱展示出几根窄线, 其中有一条明亮的黄线. 将布条蘸上盐酸燃烧, 则不见黄线, 说明黄线是钠的光谱线.

每一个元素都有它自己独特的光谱. 钠的光谱是单一的, 呈现明亮的黄色. 不同元素其亮线光谱不同.

就像庄子所论: 长者不为有余, 短者不为不足, 是故凫(野鸭)胫虽短, 续之则忧; 鹤胫虽长, 断之则悲.

在普朗克提出量子后, 玻尔提出了原子结构模型的两个假定:

(1) 一个原子系统可以永久处于一系列分立的 "定态" 轨道中的一条而不发生辐射, 每一条轨道有确定的轨道角动量 $L=n\dfrac{h}{2\pi}$.

玻尔像

$$mvr=n\hbar,\quad \oint p\mathrm{d}r=n\hbar,\quad \hbar=\frac{h}{2\pi}$$

曾国藩所说“续者闭处续”在这里指封闭的电子轨道保持稳定延续，不辐射.

（2）两个定态之间的跃迁发射或吸收光子.

氢原子谱线（玻尔）：库仑定理和牛顿力学结合决定电子稳定轨道

$$\frac{mv^2}{r}=\frac{e^2}{r^2}$$

玻尔提出角动量量子化条件：按照这一模型电子环绕原子核作轨道运动，外层轨道可以比内层轨道容纳更多的电子；较外层轨道的电子数决定了元素的化学性质. 如果外层轨道的电子落入内层轨道，将释放出一个带固定能量的光子. 弗兰克-赫兹实验支持该假定（原子和电子的碰撞失去的能量有分立的数值）.

定态跃迁发射高频光子需要吸收较多的能量，这就是为什么炼钢时，随着钢温度升高，钢的颜色呈“暗红—黄—白—蓝”变化.

爱因斯坦曾情真意切地评述过玻尔：“当后代人来写我们这个时代在物理学中所取得的进步的历史时，必然会把我们关于原子性质的知识之所以取得的一个最重要的进展同玻尔的名字连在一起……他具有大胆和谨慎这两种品质的难得融合. 很少有谁对隐秘的事物具有一种直觉的理解力和强有力的批判能力. 他不但具有关于细节的全部知识，还始终坚定地注视着基本原理.”

玻尔理论能解释光谱频率，但不能解释光谱强度. 其困难是：定态轨道上的电子不辐射，但它却在做加速运动，而按照电动力学理论说它要辐射能量，其轨道不能稳定，两难. 玻尔理论既需半量子，又需要电动力学，互补原理；更不能处理氦原子的能级问题.

玻尔原子论的另一个成果是给出了量子力学相空间表述.

除了有薛定谔的波动力学表述、海森伯的矩阵力学表述（这两种表述被狄拉克视为同一，并发展为符号法）和费曼的路径积分表述外，还有一种常用的是相空间表述，相空间的维数是系统的自由度的两倍. 可以说，玻尔-索末菲作用量的量子化（旧量子理论）就是在相空间中进行的. 以谐振子为例，令其能量维持一个常量

$$E=\frac{p^2}{2m}+\frac{1}{2}kx^2$$

以 p 和 x 为两维坐标架，此方程化为

$$\frac{p^2}{2mE}+\frac{x^2}{2E/k}=1$$

这就成了相空间中的一个长、短轴分别为 $A=\sqrt{2mE}$ 和 $B=\sqrt{2E/k}$ 的椭圆方程，沿椭圆环路积分包含的面积为 πAB，量子化为 $n\hbar$.

玻尔的电子轨道理论萌生泡利的不相容原理

1913 年, 玻尔提出关于氢原子结构模型, 成功解释氢原子线谱, 他又试图将该理论应用于其他原子与分子, 但获得很有限的结果. 经过长达 9 年的研究, 1922 年, 玻尔才又完成关于周期表内各个元素怎样排列的论述, 但是, 波尔并没有解释为什么每个电子层只能容纳有限并且呈规律性数量的电子, 为什么不能对每个电子都设定同样的量子数.

是泡利在总结原子构造时提出一个原子中没有任何两个电子可以拥有完全相同的量子态——此之谓泡利原理（电子自旋的存在）.

很简单直观的分析就可以认可泡利原理的存在性.

玻尔的轨道理论给出电子的轨道半径

泡利像

$$r=\frac{\hbar^2}{(Ze)^2m}$$

Z 是原子序数. 当 Z 增加时, 电子基态的半径减小. 而另一方面, 由能量公式

$$E=\frac{-4\pi^2\left(Ze\right)^4m}{\hbar^2}$$

可知电子被束缚得很紧, 于是原子实体将随着 Z 增加而减小. 尽管电子有排斥力, 但不至于强大到阻止原子序数大的原子有收缩到尺度相当小的趋势, 于是原子的体积将随 Z 增加而减小. 但这与事实不符, 也与化学知识冲突, 如果电子都挤在同一个轨道上, 化学反应就难于发生. 所以必定存在一种基本原理阻止所有的电子都挤在同一个最低的量子轨道上, 此即泡利的发现. 后来, G. E. Unlenbeck 和 S. A. Goudsmit 发现电子自旋, 带半整数 $\frac{\hbar}{2}$, 自旋的方向是量子化的, 支持了泡利的不相容原理. 费米和狄拉克称带半整数自旋的粒子为费米子.

玻尔称赞泡利是“科学的良知”, 而泡利却如此评价费曼: “为什么这个聪明的年轻人谈吐像个无业游民呢? ”

爱因斯坦高度评价玻尔模型对化学的意义, 在 1949 年出版的“自传”中他回忆道:

在物理理论基础适应新的实验发现的一切尝试都失败之际, 就像脚下的一片土地被抽掉了, 看不到哪里有可以立足的巩固基地. 至于这摇晃不定、矛盾百出的基础, 竟足以使一个具有像玻尔那样独特本能和机智的人, 发现光谱线和原子中电子壳层的主要定律以及它们对化学的意义, 这件事对我来说, 就像是一个奇迹——而且即使在今天, 在我看来仍然像是一个奇迹. 这是思领域中最高的神韵.

德布罗意：从光波到电子物质波

1905 年，爱因斯坦提出了光电效应的光量子解释，人们开始意识到光波同时具有波和粒子的双重性质. 1924 年，法国物理学家德布罗意提出“物质波”假说，认为和光一样，一切物质都具有波粒二象性. 根据这一假说，电子也具有干涉和衍射等波动现象，这被后来的电子衍射试验所证实.

德布罗意像

德布罗意波粒二象性思想来源:

对于普朗克在 1900 年提出的能量量子的学说，德布罗意的第一个反应是不满意. 因为普朗克是用 $E = h\nu$ 这个关系式来确定光微粒能量的，式子中包含着频率 ν. 可是纯粹的粒子理论不包含任何定义频率的因素. 另一个问题是，确定原子中电子的稳定运动涉及整数，而至今物理学只有波的干涉与本征振动现象（如驻波）涉及整数，有周期的概念基频、倍频. 这使得德布罗意想到不能用简单的微粒来描述电子本身，还应该赋予它以周期的概念，在所有情形下，都必须假设微粒伴随着波存在. 这需要把原子看作某种乐器, 乐器的发音有基音与泛音.

关于德布罗意提出物质波粒二象性公式（电子是粒子, 又是波）, 一个有趣的故事说, 一天, 德布罗意无意中看到学物理的哥哥忘在家中的一份关于"光量子理论"的学术会议记录, 他读到了一位叫爱因斯坦的人提出的"光既是波也是粒子"的光量子理论. 他想: "不难理解光是波, 比如雨后七色彩虹的形成是由于各色光的波长不一样, 它们遇到水珠后产生的折射率也不相同, 使原本混在一起的各色光产生干涉. 然而将光看作粒子, 这太让人难理解了. 看来要想了解其中的奥秘, 只有再上大学, 去学物理！" 于是他拜朗之万为师, 用功起来. 由于德布罗意年轻时参加过第一次世界大战, 在一个气象观测队里服役, 每日都盯着天气……不久, 他觉得要了解天气莫过于在野外观察青蛙, 战争时他一直和青蛙生活在一起, 青蛙跳水时的圆形波纹提示他想到了电子的运动条件随某种"导航波", 整个波嵌入一个定态轨道, 物质的量子状态与谐振现象有密切关系了！从几何光学的最短光程原理和经典粒子服从的最小作用量原理的相似性, 德布罗意导出了物质波公式

$$p = \frac{h}{\lambda}, \quad E = \nu h$$

ν 是频率, 与波动有关; E 是玻尔理论中的电子能级. 满足

$$2\pi r_n = n\lambda$$

n 个波正好嵌在圆内. 将电子动量 $p = \frac{h}{\lambda}$ 代入 $2\pi r_n = n\lambda$, 得玻尔量子化条件 $2\pi r_n = n\frac{h}{p}$, $pr_n = nh$.

德布罗意波长的数量级: 100 克的一块石头, 若其飞行速度是每秒 100 厘米, 则其德布罗意波长为 6.6×10^{-31} 厘米, 当电子在 1 伏特的电场中运动时, 它将获得每秒 6×10^7 厘米的速度, 则德布罗意波长为 10^{-7} 厘米, 相当于 X 射线的波长, 晶体内原子的间距也是此数量级.

德布罗意的论文说明:

（1）玻尔的所谓电子轨道实际上是模糊的, 因为电子既是粒子又是波, 为以后的玻恩概率假设做了铺垫.

（2）为后来薛定谔方程的建立开了先河.

（3）微观粒子有波动性, 故有干涉现象, 其状态可以叠加, 于是导致态叠加原理的产生（与海森伯的不确定性原理同样有地位）.

爱因斯坦称赞德布罗意的理论: "物质的波动本质尚未被实验证实的时候, 德布罗意就首先意识到物质的量子状态和谐振现象之间存在着物理上的和形式上的密切联系."1927 年, 戴维逊和革末用电子轰击晶体观察到了波动性现象.

阴阳玉鱼

1928 年, 伽莫夫指出 α 射线的放射性蜕变也可以用波粒二象性解释, 即微观粒子跨越势垒的“隧道效应”, 可与清代蒲松龄写的《崂山道士》的穿墙术联想起来.

德国物理学家劳厄有一次和一个学生讨论晶体光学的散射, 劳厄只关心晶格间距的数量级, 判断晶体是否可以作为 X 射线的天然光栅. 这是把光学知识融会贯通到晶格研究的范例. 劳厄和他的助手把一个垂直于晶轴切割的平行晶片放置在 X 射线源和照相底片之间, 发现底片上有规则的斑点, 与劳厄推导的衍射方程吻合. 此举证实了 X 射线的波动性, 也可用来确定晶格点阵, 劳厄也因此获诺贝尔物理学奖. 人称劳厄有“光学嗅觉”.

德布罗意波粒二象性有非常重要的实际应用, 例如, 当氢原子放射一个频率为 ω 的光子时, 原子会反冲, 就像一把枪发射一颗子弹就引起枪身反冲一样. 原子的反冲会导致 ω 改变到 ω'

$$\hbar\omega - \hbar\omega' = \frac{mv'^2}{2}$$

m 是氢原子质量, 原子的反冲速度为 v'

$$mv' = -\frac{\hbar\omega'}{c}$$

所以

$$\hbar\omega - \hbar\omega' = \frac{1}{2m}\left(\frac{\hbar\omega'}{c}\right)^2$$

即

$$\frac{\Delta\omega}{\omega^2} = \frac{\hbar}{2mc^2}$$

或波长变化

$$\Delta\lambda = c\Delta\omega^{-1} = c\frac{\Delta\omega}{\omega^2} = \frac{\hbar}{2mc}$$

古砚墨池自现看似波粒二象的衍射园纹

波粒二象性——既非“判然分而为二”，又非“合两而以一为之纽”

波粒二象性指的是所有的粒子或量子不仅可以部分地以粒子的术语来描述, 也可以部分地用波的术语来描述. 波粒二象性是微观粒子的基本属性之一.

普朗克在 1934 年的一段回忆中提到对德布罗意的态度时说: “早在 1924 年, 路易·德布罗意先生就阐述物质粒子和一定频率的波之间有相似之处, 当时他的思想是如此之大胆, 以至于没有一个人相信他的正确性……我本人, 说真的, 只能摇头兴叹. 而洛伦兹先生对我说, 这些年轻人认为抛弃物理学中老的概念简直易如反掌.”

而德布罗意呢, 幸好如洛伦兹所说, 物理学中老的概念在他的脑中不是根深蒂固.

然而, 普朗克终究还是相信了德布罗意的观点, 在“摇头兴叹”后不久, 他用电子的德布罗意波长估算了普朗克常数 h 的大小, 思路如下: 首先, 从 $E=h\nu$ 可知, h 不能为无穷小, 否则有限的 E 会导致频率无穷大, 从而波长趋于零, 这样一来波动光学就与几何光学合二而一了, 这不合理. 另一方面, 电子波长小于轨道曲率半径的条件总应该得到满足, 当电子的轨道半径 r 收缩到原子尺度时, 描述电子受向心力的公

式是

$$\frac{mv^2}{r} = \frac{e^2}{r^2}$$

故德布罗意波长

$$\lambda = \frac{h}{mv} = \frac{h}{e}\sqrt{\frac{r}{m}}$$

或

$$\frac{\lambda}{r} = \frac{h}{e}\sqrt{\frac{1}{mr}}$$

普朗克认为 λ 与 r 应该是同一量级, 故而

$$h \sim e\sqrt{mr}$$

鉴于 $r = 10^{-7}\text{cm}$, $e = 4.77 \times 10^{-10}(\text{erg} \cdot \text{cm})^{1/2}$, $m = 9.02 \times 10^{-28}\text{grm}$, 于是, 可估算出 $h = 4.5 \times 10^{-27}(\text{erg} \cdot \text{sec})$, 与实际值 $6.55 \times 10^{-27}(\text{erg} \cdot \text{sec})$ 差别不大.

与洛伦兹的观点相反, 爱因斯坦说: "假如这个思想一开始就不是荒唐的, 那么它就没有希望了." 他还夸奖道: "德布罗意已经掀开了这层重要面纱的一角. "

没有什么合乎逻辑的方法能导致这些基本定律的发现. 有的只是直觉的方法, 辅之以对现象背后的规律有一种爱好.

这正合了明清交际时期的王夫之在《尚书引义》中写的"徇物之华, '文' 以生妄; 逐物之变, '思' 以益迷".

其实, 若用王夫之的语言 (《思问录》), 波粒二象性既不是"判然分而为二", 也不是"合两而以一为之纽".

王夫之的《尚书引义》书中驳斥了邵雍的形而上学两分法, 深化了朴素辩证法的矛盾观和发展观, 认为在" 缊而化生" 的物质过程中, 阴阳、虚实、动静、聚散、清浊等"两端", 既互相对立, 又互相联结、互相渗透, "实不空虚""静者静动""聚于此者散于彼, 散于此者聚于彼, 浊入清而体清, 清入浊而妙浊". 从而表明任何对立统一, 既不是"判然分而为二", 也不是"合两而以一为之纽".

再其实, 爱因斯坦所谓的"荒唐", 如果按我国清代曹雪芹来看, 只不过是写诗中常遇到的事情. 在《红楼梦》中, 曹雪芹通过小说人物香菱来讲诗, 香菱笑道: "据我看来, 诗的好处, 有口里说不出来的意思, 想去却是逼真的. 有似乎无理的, 想去竟是有理有情的." 原来这似乎无理的波粒二象性, 想去竟是有理有情的.

太极图隐喻的泊松斑

荣获 1922 年诺贝尔物理学奖的玻尔欣赏中国的太极图. 他由于在物理方面的卓越贡献, 被丹麦政府破格封为“骑象勋爵”. 有意思的是, 玻尔的爵士纹章的图案竟然是来自中国的太极图, 褪尽了千年来笼罩在它上面的东方神秘主义色彩, 本世纪西方大科学家玻尔用东方“太极图”来表征量子力学的互补原理, 就是现代人类科学史上东西方科学与自然观互相交融启迪的一段佳话. 玻尔被认为是最富“东方智慧”的西方科学家.

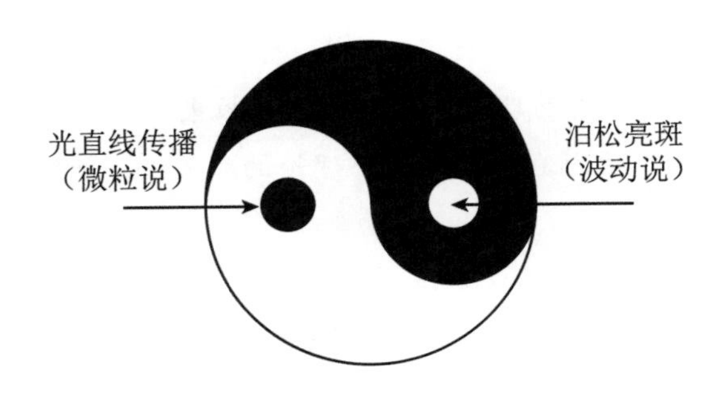

太极图隐喻的波粒二象性(阴阳鱼的鱼眼)

老子的思想中就有“道之为物，惟恍惟惚．惚兮恍兮，其中有象．恍兮惚兮，其中有物”．中国的“太极图”，就是两条黑白的“阴阳鱼”互纠在一起，俗称阴阳鱼．白鱼表示为阳，黑鱼表示为阴．白鱼中间一黑斑，黑鱼之中一白斑，表示阳中有阴，阴中有阳之理．万物负阴而抱阳，冲气以为和（《老子》第四十二章）．

笔者从物理的色的观点看：“太极图”中的白斑预示了光衍射的泊松斑，当单色光照射在宽度小于或等于光源波长的小圆板或圆珠时，会在之后的光屏上出现环状的互为同心圆的衍射条纹，并且在所有同心圆的圆心处会出现一个极小的亮斑，这个亮斑就被称为泊松亮斑．泊松亮斑表示光的波动性（由菲涅尔提出）．而“太极图”中的黑斑反映光的粒子性，小圆板挡住直线传播的光，在其后面留下阴影．所以笔者理解“太极图”暗喻了光的波粒二象性．

既然大众都承认太极图形展现了一种互相转化、相对统一的形式美，所以笔者以光的波粒二象性来注释它，赋予它以新的物理涵义，也未尝不可．但笔者要强调的是，太极图远不如德布罗意波粒二象性深刻，因为后者有定量公式，是以普朗克常数为背景的．

以上见解，许是牵强附会，许是搞笑逗乐，许是哗众取宠，愿闻批评．

附注：泊松斑的来由．

1818 年，法国科学院提出了征文竞赛题目：一是利用精确的实验确定光线的衍射效应；二是根据实验，用数学归纳法推求出光通过物体附近时的运动情况．在法国物理学家阿拉果与安培的鼓励和支持下，菲涅尔向科学院提交了应征论文．

他用半波带法定量地计算了圆孔、圆板等形状的障碍物产生的衍射花纹．菲涅尔把自己的理论和对于实验的说明提交给评判委员会．参加这个委员会的委员有：波动理论的热心支持者阿拉果，微粒论的支持者拉普拉斯、泊松和比奥，持中立态度的盖吕萨克．菲涅尔的波动理论遭到了光的粒子论者的反对．

在委员会的会议上泊松指出，根据菲涅尔的理论，应当能看到一种非常奇怪的现象：如果在光束的传播路径上，放置一块不透明的圆板，由于光在圆板边缘的衍射，在离圆板一定距离的地方，圆板阴影的中央应当出现一个亮斑．在当时来说，这简直是不可思议的，所以泊松宣称，他已驳倒了波动理论．菲涅尔和阿拉果接受了这个挑战，立即用实验检验了这个理论预言，非常精彩地证实了这个理论的结论，影子中心的确出现了一个亮斑．

这一成功为光的波动说增添了不少光辉．泊松是光的波动说的反对者，泊松根据菲涅尔的计算结果，得出在一个圆片的阴影中心应当出现一个亮点，这是令人难以相信的，过去也从没看到过，因此泊松认为这个计算结果足够证明光的波动说是荒谬的．但是恰巧，菲涅尔和阿拉果在试验中看到了这个亮斑，这样，泊松的计算反而支持了光的波动说. 过了不久, 菲涅尔又用复杂的理论计算表明, 当这个圆片的半径很小时, 这个亮点才比较明显. 经过实验验证, 果真如此. 菲涅尔荣获了这一届的科学奖, 而后人为纪念泊松为实验提供了方法, 便称这个亮点为泊松亮斑. 菲涅尔开创了光学的新阶段. 他发展了惠更斯和托马斯 • 杨的波动理论, 成为"物理光学的缔造者".

程颐-朱熹说与德布罗意波粒二象性

北宋的思想家程颐曾写道: "至微者理也, 至著者象也, 体用一源, 显微无间." 对此, 南宋的朱熹解释为: "体用一源者, 自理而观, 则理为体, 象为用, 而理中有象, 是一源也; 显微无间者, 自象而观, 则象为显, 理为微, 而象中有理, 是无间也."

这段话使笔者想起爱因斯坦描述波粒二象性的一段话:

好像有时我们必须用一套理论, 有时候又必须用另一套理论来描述 (这些粒子的行为), 有时候又必须两者都用. 我们遇到了一类新的困难, 这种困难迫使我们要借助两种互相矛盾的观点来描述现实, 两种观点单独是无法完全解释光的现象的, 但是合在一起便可以.

不知道爱因斯坦这段论述是否可以作为对程颐-朱熹说的一个恰如其分的诠释呢?

当然, 程颐和朱熹说的是思维方式, 并未涉及微观粒子的性质. 而德布罗意和爱因斯坦把光子的动量与波长的关系式 $p=\dfrac{h}{\lambda}$ 推广到一切微观粒子上, 指出: 具有质量 m 和速度 v 的运动粒子也具有波动性, 这种波的波长等于普朗克恒量 h 跟粒子动量 mv

的比, 即 $\lambda = \dfrac{h}{mv}$. 这个关系式后来就叫作德布罗意公式. 显然, 德布罗意的波粒二象性非程颐、朱熹所能预言也.

但是, 程颐还说过: “天地万物之理, 无独必有对, 皆自然而然, 非有安排也, 每中夜以思, 不知手之舞之, 足之蹈之也.” 波粒二象性不正是反映了 “无独必有对” 吗?

量子力学的“写境、造境和化境”

前面已经提到玻尔所说: “就原子论方面, 语言只能以在诗中的用法来应用, 诗人也不太在乎描述的是否就是事实, 他关心的是创造出新心像.”“新心像”, 拿中国诗人的语言来说, 就是新意境.

就以下面这张风景照（范悦摄影）来说, 笔者配上了一首诗就创造出新心像了. 诗曰:

烟雾轻佻弥湖上，墨云深浅缠山岗.

野旷树珍无人识，水面徒泛波粼光.

因郁闷而投湖自尽的晚清文人王国维临死前也许还在心中营造视死如归的意境. 他的《人间词话》给后人留下了永久的思考. 作为一个爱古诗的理论物理工作者，笔者多次读他的这本书，对他的诗词境界说很佩服. 但也有不解之处. 王先生说："有造境，有写境"，"造境"就是"有我之境"，而"写境"属"无我之境". 他举例说："泪眼问花花不语，乱红飞过秋千去"为有我之境，是造境；"采菊东篱下，悠然见南山"是写境，为无我之境.

乍一看来，两个例句中皆有诗人身临其境，为何王先生认为陶渊明的这两句诗中"无我"呢？笔者不太明白，似懂非懂.

终于有一天，笔者觉悟到"悠然"是不经意的、无所用心的，"采菊"也是手到擒来的自然动作，故为无我. 而"泪眼"是有浓重感情色彩的，"乱红"也是诗人意念加工后的心象，所以说是造境，是有我之境.

联想到理论物理学家是为自然写意的画家，也有写境和造境的区别吧.

例如，玻尔的电子轨道论是经典图像，尽管塞进量子化条件，也还是一种写境. 到了海森伯用矩阵力学才是造境. 德布罗意的波粒二象性是写境，直到薛定谔波动力学才是造境. 海森伯和薛定谔都煞费苦心把自己投入到研究的漩涡中，故而是进入"有我之境".

写境和造境是相对的，比起前人你也许在造境，待到后人超越了你，后人看你只是写境. 例如，狄拉克的符号法和表象理论是量子力学的写境描述，使得量子论达到出神入化的奇妙境界，已臻化境，既能反映德布罗意波粒两象，也涵盖薛定谔表象和海森伯表象，又为后人发明的有序算符内积分方法提供了造境的机会.

化，顾名思义，即千变万化、化有形于无形等，故一般而言，化境是指在某方面的成就达到相当高度. 武侠小说中的大侠武功已臻化境，手脚功夫自成一家，而且对"武"的理解、对气功的运行等也是"道可道，非常道". 任何本已身体力行的、未系统学但见识过的、或未尝目睹过但有耳闻已稍有感觉的武功、招式技能，都可以信手拈来、行云流水. 既可以把各种武功的精髓化为一体，又可以随心所欲地亮相各个门派.

后文将简述海森伯和薛定谔是如何"造境"的.

海森伯异军突起——创立以跃迁频率、谱线强度为可观测量的理论

海森伯像

就在玻尔原子轨道理论陷于困境、而诸多物理学家都束手无策时，1925 年，海森伯在研究氢光谱强度时意识到不应着眼于电子轨道的讨论，因为它不是物理可观察量．就连玻尔，他也没有看到电子轨道，而只是心像而已．这符合我国明代王阳明的格物语录：“心之所发即是意，意之所在即是物.”电子轨道是基于玻尔个人的认识而存在，换一个人（海森伯）电子轨道就没有了．海森伯另辟蹊径，即将跃迁频率和谱线强度作为可观测量．在波粒二象性的启发下，海森伯将外层电子的运动比拟为一个振子，其周期运动有一定的频率，其傅里叶变换可给出辐射的信息，鉴于光谱线的确定总是联系着双重频率，可以排成一个表，表中的每一个元素都有两个指标．而相应的动力学量，如电子的坐标 q，动量 p，也应该写成表格的形式．但这样一来，坐标 q，动量 p 就不再是普通数了，不再满足 $qp = pq$．海森

伯又把 $q(t)$ 以有两个指标（α,n）的符号替换

$$q(t) \to \sum_{\alpha=-\infty}^{\infty} q_\alpha(n)\mathrm{e}^{\mathrm{i}t\alpha\omega(n)}$$

如此做来，不仅描写电子运动的偶极振幅的傅里叶分量的绝对值平方决定相应辐射的强度（谱线强度），而且振幅本身的位相也是有观察意义的. 海森伯再运用玻尔的对应原理，用定态能量差决定的跃迁频率来改写经典理论中电矩的傅里叶展开式（数学上用差分法以适应分立能级），把玻尔量子化条件 $m\oint \dot{q}^2\mathrm{d}t = n\hbar$ 改写为

$$\sum_{\alpha=-\infty}^{\infty} \omega(n+\alpha,n)q(n+\alpha,n)q(n,n+\alpha) - \omega(n,n-\alpha)q(n,n-\alpha)q(n-\alpha,n) = \frac{\hbar}{m}$$

在此基础上，海森伯计算出了以频率和振幅的二维数集，即谱线的正确频率和相对强度值，符合实验测定的一大堆光谱值.

海森伯着眼于和光谱线联系的直接可观测的频率与振幅来探讨原子内部电子运动的力学量表示，从而找到了能解释原子光谱、确定原子稳态的量子条件，接下来的问题是怎样确定什么是可观测的、而什么又不是的呢？海森伯的同伴泡利说："轨道不可观测这个论断是不对的. 月球的轨道是可以观测的，所以海森伯的理论中少告诉了我们一些东西，它应该告诉我们什么是可观测的，而什么又不是."

玻恩慧眼识矩阵

玻恩像

前文中, 海森伯的结果是依赖于计算中的乘法不可对易, 这令海森伯好生奇怪, 当时他还不知道这就是矩阵运算, 于是他把论文拿给著名物理学家玻恩看, 请教有没有发表价值. 玻恩一眼就认出海森伯用来表示观察量的二维数集正是线性代数中的矩阵, 量子力学于是出现了矩阵, 也就是算符, 一般而言, 它们不可交换. 注意到 $p=m\dot{q}$, 故若让矩阵元

$$\mathrm{i}\omega(n,n-\alpha)q(n,n-\alpha)m=p(n,n-\alpha)$$

于是, 根据矩阵乘法规则, 前一式 (见《海森伯异军突起: 创立以跃迁频率、谱线强度为可观测量的理论》一文第二式) 的海森伯的量子化条件可以抽象为关于坐标和动量的不可交换

$$[q,p]=qp-pq=\mathrm{i}\hbar$$

这是量子化的标准形式. 在玻恩去世后, 他的墓碑（哥廷根城市公墓）上就刻了这个式子. 但玻恩并没有和海森伯分享 1932 年的诺贝尔物理学奖, 而是在 1954 年因提出波函数的概率诠释才获奖.

正是玻恩慧眼认识到了海森伯的工作有重要意义, 并和约当一起加以发扬, 才使得海森伯最终成为量子力学创始人之一. 海森伯应该感谢玻恩的知遇之恩. 从此以后, 海森伯的新理论就叫“矩阵力学”, 它关注可观察的量. 量子力学坐标-动量的基本对易关系 $[q,p]=\mathrm{i}\hbar$ 告诉我们, 先测量坐标与先测量动量的两个结果不同, 表明了 q 与 p 是不能同时精确地测定的, 这就必然导致存在不确定原理（这是海森伯的一大贡献）.

在海森伯的论文基础上, 有三篇重要的跟踪文章, 确认和扶持了矩阵力学:

（1）玻恩和约当确认了对易关系 $[q,p]=\mathrm{i}\hbar$.

（2）泡利用算符代数关系求出了氢原子的能级.

（3）狄拉克也一眼看出海森伯文章的坐标和动量的不可交换是量子力学的主要特征, 使他联想起分析力学的泊松括号的形状, 看到了经典泊松括号与量子对易括号的相似处, 量子对易括号恰好对应经典泊松括弧所表达的动力学内容, 量子化也可纳入经典力学的哈密顿形式, 这是他对量子化的第一个贡献. 狄拉克指出哈密顿正则方程在量子论中表现为

$$\frac{\mathrm{d}}{\mathrm{d}t}A=\frac{1}{\mathrm{i}\hbar}[A,H]$$

这里 H 标记哈密顿算符, 代表系统的总能量, A 是某个可观测量, 此式称为海森伯方程.

狄拉克进而把不对易的量称为 q 数, q 代表 quantum, 即算符, 也代表奇怪之意（英语 queer）以区别普通的 c（common）数. 算符是满足一定代数法则的抽象量子变量, 不一定非要用矩阵表达. 后来狄拉克又发明了简洁的 ket-bra 符号 $|\rangle\langle|$ 来表达算符.

狄拉克称赞海森伯的论文开创了理论物理的黄金时代.

这里附带说一个名人轶事. 首位获得诺贝尔物理学奖的穆斯林是阿卜都勒·萨拉姆, 他有幸在剑桥大学受教于狄拉克. 有一次, 萨拉姆问狄拉克“什么东西你认为是你对物理最大的贡献?” 狄拉克答道: “是泊松括号 (与量子力学对易括号的对应).” 这个回答出乎萨拉姆的意料, 因为萨拉姆认为狄拉克会说是关于电子的狄拉克方程.

这里提一下狄拉克发现泊松括号自洽对应于量子力学对易括号是在他散步时下意识地想到的, 散步的本意是为了使自己从坚忍的脑力劳动中解脱出来, 使脑系统得以暂休. 可往往事与愿违, 意外的灵思在散步过程中随所见所闻会不由自主地在脑海里掠过. 笔者总结一下有灵思往往产生于如下场合的见闻:

凭栏望江迎客思, 明月出云秋馆思, 鉴里移舟天外思, 帆樯落处远乡思, 夜闻归雁出乡思, 林间急雨生秋思, 迎凉蟋蟀喧闲思, 望山又生红槿诗, 听磬澄心沉凝思, 心逐秋风无限思.

笔者对于狄拉克的回答不感意外，因为发现泊松括号自洽对应量子力学对易括号，是将经典力学的哈密顿形式过渡为量子论的合理性的有力支持，有关的文章是狄拉克科研生涯的处女作．此文一出，使得玻尔和海森伯茅塞顿开，从此对狄拉克刮目相看．而且，笔者的研究工作之一是怎样从经典正则变换直接过渡到量子力学的幺正变换算符，这恰是对泊松括号的量子力学对应的后续研究．

可惜笔者没有与狄拉克直接交流的机会．笔者虽然在 1982 年获得博士学位（中国首批）的论文中已经提出了有序算符内积分方法，但当时不知如何与国际同行学术交流．一直到 1986 年笔者出国访问后才知道实现国际交流的途径，而狄拉克已于 1984 年逝世．惆怅之余，笔者曾写下一首小诗：

神来之笔孰能同，精巧数理一代宗．
透识天机皆造化，源探无处不春风．
遐思孕在须臾间，奇想常现梦幻中．
我亦有志承学统，可叹今世不相逢．

但是也有诘难海森伯的人，那就是爱因斯坦．当 1926 年海森伯在柏林讲他的新成果后，爱因斯坦指出：在云雾室里电子的轨迹是可以直接观察到的，而海森伯却说在原子内部没有轨迹，这是荒唐的．海森伯反驳：你爱因斯坦在研究相对论时也是只关注可观测量，我们照此办理，记录的是原子辐射光的频率、强度与跃迁概率，而不是电子的实际轨迹．但爱因斯坦不满意，告诫海森伯说：只是考虑可观测量的信条不能被简单地反复使用．可观测量的概念本身就有问题（牵涉哲学了，详见下一文）．

当海森伯说只是把可观测量纳入他的理论体系时，爱因斯坦指出什么是可观测的或不可观测的，这并不由人来决定，而是由理论本身决定！另一方面，泡利也评论海森伯应该指出“什么是可观测的，什么是不可观测的”，使海森伯集中精神考虑他们的批评，发现应该包含在对容规则中，由此导出了测不准关系．海森伯是在爱因斯坦的“正是理论决定什么是可以观察的”启发下，根据“只有能用量子力学的数学方程式表示的那些情况，才能在自然界中找到”的基本原则，考虑了同时想知道一个波包的速度和其位置的最佳精度是多少的问题，而奠定不确定原理

$$\Delta q \Delta p \geqslant \frac{\hbar}{2}$$

它对于能被观测的东西加以彼此相反的限制．换言之，实验测量的精度存在原则上的限制．例如，在原子世界（10^{-8} 厘米）内，电子运动所具有的最小能量按如下估算（只写最后单位）：

$$\Delta p \approx \frac{\hbar}{\Delta q} \approx \frac{10^{-27}}{10^{-8}} = 10^{-19}$$

$$E=\frac{(\Delta p)^2}{2m}=\frac{10^{-38}}{2\times 9\times 10^{-28}}=6\times 10^{-12}\text{erg}\approx 4\ \text{eV}$$

简单总结海森伯的贡献:

（1）物理测量必然包含着观察者和被观察系统间的相互作用, 用于测量的实体是辐射（如用光照射电子）, 这就由德布罗意关系支配了. 所以测量的不确定性是波粒二象性的必然.

（2）算符的不可交换决定了测量的不确定性, 我们不能同时得到坐标和动量的精确值.

（3）如想同时看, 则必是模糊的, 不准确的.

（4）普朗克假定光波的发射和吸收不是连续的观点在光谱的跃迁形成理论中得以支持. 任何一个闪烁屏或盖格尔计数器都可以被用来说明这种不连续性的存在. 量子跃迁发生的时间也因不确定性 $\Delta E\Delta t=\frac{h}{4\pi}$ 而不能明确给出.

海森伯的研究思路（什么是可观察量）使得笔者联想起中国古代的庄子和惠子的思辨, 详见后文.

什么是可观察量？——从庄子、惠子论鱼之乐谈起

什么是可观察的？什么又不是？这个问题的讨论可以追溯到中国两千多年前.

"濠梁之辩"载于《庄子·秋水》名篇中，讲述的是春秋战国时期的两名思想家庄子和惠施的一次辩论. 这次辩论以河中的鱼是否快乐以及双方怎么知道鱼是否快乐为主题.

庄子和惠子一道在濠水的桥上游玩. 庄子说："白鲦鱼游得多么悠闲自在，这就是鱼儿的快乐."

惠子说："你不是鱼，怎么知道鱼的快乐？"

庄子说："你不是我，怎么知道我不知道鱼儿的快乐？"

惠子说："我不是你，固然不知道你；你也不是鱼，你不知道鱼的快乐，也是完全可以肯定的."

庄子说："还是让我们顺着先前的话来说. 你刚才所说的'你怎么知道鱼的快乐'的话，就是已经知道了我知道鱼儿的快乐而问我，而我则是在濠水的桥上知道鱼儿快乐的."（I knew it from my own feeling on this bridge.）

这里蕴含着可知与不可知的哲学问题，也暗示了可观察动作与理论猜测的关系，鱼

儿的快乐是可观测量的吗？即便是，人在岸上，鱼在水里，人肉眼看到的鱼儿的活动是真像还是真相？举个例子说明：人眼看一物体在水中的深度和其在水中的实际深度是不同的.

根据经验带来的一些主观推测是可能被检测的吗？靠感觉了解自然，庄子的这个观点早于西方的马赫上千年. 鱼儿在江湖中的畅游，是顺道而行，“道”赋予它的生存空间——水，畅游是痛快的. 认为鱼儿的快乐既可以被观察，又可以被感知，这种思想被唐代诗人认可，他们写下“水深鱼极乐，林茂鸟知归”，而诗句“水流心不竞，云在意俱迟”则体现了庄子的观察者与被观察对象能统一的思想.

中国的成语中，如狐假虎威、兔死狐悲等都暗含了人知道狐的感觉，尽管人不是狐.

爱因斯坦说：感觉经验是既定的客观事物，而解释说明感觉经验的理论却是主观人为的. 它是一个极其艰辛的适应过程的产物：因为它是假设性的，所以永远不会是可以完全定论的，总是要遭到质问和怀疑.

庄、惠论鱼之乐又使笔者联想起宋代程颢写的《养鱼记》：

书斋之前有石盆池. 家人买鱼子食猫. 见其煦沫也，不忍，因择可生者，得百余，养其中，大者如指，细者如箸. 支颐而观之者竟日. 始舍之，洋洋然，鱼之得其所也；终观之，戚戚焉，吾之感于中也.

这里提到程颢拣还活着的小鱼百来条，养在池中，大的如手指头，小的如筷子. 他支起下巴整日观察：刚放养之时，鱼得其所，摇头摆尾，有自得其所之感. 而长久观之，鱼儿萎靡了，我的内心感触颇深.

说明程颢与庄子的观点一致，鱼儿的快乐或不快乐是可以观察的.

物理学家为何关心鱼是否快乐？

数年前笔者曾陪朋友贾新德去钓鱼, 坐在一个高坡上, 望着蜿蜒的河流, 吟了一副对联:

山势逶迤泉有灵, 河道拐弯鱼不知.

后来看了爱因斯坦在《自画像》一文中写的“对于一个人的存在, 何者是有意义的, 他自己并不知晓, 并且, 这一点肯定也不应该打扰其他人. 一条鱼能对它终身畅游其中的水知道些什么?”才知道物理学家情不自禁地会想到鱼儿的生活.

爱因斯坦的这段关于鱼的论述与中国古贤说的“鱼不见水, 人不见气”如出一辙. 明代进士谢肇淛（1567—1624）所著《五杂俎》(明代一部有影响的博物学著作）中指出:“人不见气, 故人终日在气中游, 未尝得见, 唯于屋漏日光之中, 始见尘埃衮衮奔忙, 虽暗室之内, 若有疾风驱之者. 此等境界, 可以悟道, 可以阅世, 可以息心. 可以参禅（一个人能在他终身畅游其中的空气里做很多事）.”说明谢肇淛已经知道, 在空气中也有浮力, 也已观测到了光的散射现象, 比起 1869 年丁达尔发现的效应[①]早了两百多年.

① 清晨, 在茂密的树林中, 常常可以看到从枝叶间透过的一道道光柱, 类似于这种自然界现象, 即丁达尔效应. 这是因为云、雾、烟尘也是胶体, 只是这些胶体的分散剂是空气, 分散质是微小的尘埃或液滴.

关于鱼儿，还有一句话是"相濡以沫，不如相忘于江湖"，出自《大宗师》："泉涸，鱼相与处于陆，相呴以湿，相濡以沫，不如相忘于江湖."爱因斯坦所说的"一条鱼能对它终身畅游其中的水知道些什么?"与庄子的"相忘于江湖"如出一辙，能畅游的鱼儿其生态环境好得很，还有什么忘不掉的呢?

另一方面，爱因斯坦所问也使得笔者发问：一个人能对他终身生活其中的自然界知道些什么？其神秘性来自观察测量者与被观察的微观现象之间正如"鱼不见水，人不见气"那样的"可以参禅"啊！

海森伯、爱因斯坦思辨可观测量的意义

在物理史上，海森伯曾与爱因斯坦的一段对话，堪比庄子、惠子的辩论.

1926 年，海森伯决然放弃电子轨道概念代之以可观测量（跃迁频率和相应的振幅）来研究原子光谱. 也就是在那年春天，在柏林，他遇到爱因斯坦，俩人就海森伯的论文讨论了好久.

这里，笔者揣摩他们的长篇哲理谈话（海森伯的回忆）做如下的简化，以突出其主要观点，希望大致符合他们的原意.

爱因斯坦问海森伯："难道你是认真地相信只有可观察量才应当进入物理理论吗？"海森伯反驳道："你的相对论中不也认为绝对时间是不可观察的，只有运动参照系或静止参照系中的时钟读数才同时间的确定有关的吗？"

于是爱因斯坦向海森伯指出，试图单靠可观察量来建立理论，那是完全错误的. 实际上，恰恰相反，是理论决定我们能够观察到的东西——你现在所谓的可观察量也是从已有的麦克斯韦理论那里因袭来的.

爱因斯坦认为，每一次观察，实际上在事先已经假定了存在一种我们已知的不含糊的联系，它联系着被观察的对象与最终映入我们意识中的知觉. 只有当我们知道决定这种联系的自然定律时, 才能确定这种联系. 不过, 如果这些定律还不清楚时, 就像当时的原子物理的情况那样, 则甚至“观察”这个概念也失去了它明晰的意义. 在这种情况下, 是理论先决定什么是被观察的.

海森伯不甘示弱, 说: “一个好的理论最多不过是按照思维经济原则把观察结果凝聚起来, 这种思想无疑是回到了马赫, 而且实际上, 据说你的相对论决定性地利用了马赫的概念. 但是你刚才对我讲的, 似乎表明恰恰相反. ——你自己究竟是如何想的呢? ”

爱因斯坦在回答中说道: “马赫的思维经济概念可能包含有部分真理, 但是我觉得它的确有点太浅薄. ——马赫多少有点忽略了这样的事实: 这个世界实际上是存在的, 我们的感觉印象是以客观事物为基础的……马赫关于观察的概念也太朴素了. 他假装我们完全正确地理解‘观察’这个词的意思, 并且以为这就使他不必去辨别‘客观的’现象和‘主观的’现象. 难怪他的原则有这样一个可疑的商业上的名称——思维经济. 实际上, 自然规律的简单性也是一种客观事实, 而且正确的概念体系必须使得这种简单性的主观方面和客观方面保持平衡.”

海森伯表示同意爱因斯坦, 说: “正像你一样, 我相信自然规律的简单性具有一种客观的特征, 它并非只是思维经济的结果.”

海森伯接着说他的理论工作显示了自然界的简单性和美, 他被这个数学体系强烈地吸引住了, 并可以继续想出许多实验来与理论的预测作比较.

爱因斯坦说: “实践的检验当然是任何理论的有效性的一个必不可少的先决条件. 但是一个人不可能什么事情都去试一试. 这就是为什么我对你关于简单性的意见如此感兴趣的原因. 可是, 我却永远不会说我真正懂得了自然规律的简单性所包含的意思.”

在别的场合, 爱因斯坦说“凡是不能观察到的, 都是不存在的, 靠不住的”, 但这种观点不科学.

从海森伯提问电子在云室中的径迹谈王夫之的物我关系

在薛定谔提出波动方程和玻恩给出波函数的概率解释后，海森伯扪心自问能否用薛定谔方程描述穿过威尔逊云室的电子，结果发现办不到. 于是他想到了爱因斯坦的告诫，正是理论决定我们能够观察到的东西. 那就意味着我们不应问“怎样才能表示云室中的轨迹”，而是应当问：在自然界里，是否真的只有那些能用量子力学或波动方程（理论）表示的情况才会出现？

海森伯接着写道：“围绕这个问题，我们立刻看到，云室中电子的径迹并不是具有明显位置和速度的一条无限细的线，实际上云室的径迹是一系列点，这些点是由水滴不太精确地确定的，而速度也同样不能太精确地被确定. 因此我简单地提这样的问题，如果从‘只有能用量子力学的数学方程式表示的那些情况，才能在自然界中找到’这样的基本原则出发，那么当我们想知道一个波包的速度同时又想知道它的位置时，所能获得的最佳精确度是怎样的呢？这是一个简单的数学问题，其结果便是测不准原理，看来它与实验相符. 我们终于知道了怎样表示电子径迹这类现象.”

这个故事说明：要善于正确地提出物理问题，取决于正确理解对象与探索者的关系. 这使笔者不禁回味明清交际时期王夫之说的：“物非待我也，我见为待而物遂待也. 执我为物之待而我碍, 执物以为待我而物亦碍."

这段话的意思是: 物并不依赖于我, 但是如果我认为物对我有依赖, 那么物就依赖我了. 如果让我作物的依赖, 那么我就成了妨碍; 如果以为物依赖我, 那么, 物便是我感官的外延, 从而妨碍了我对物的认知.

如果认为电子在云室中的径迹（物）依赖于海森伯来描述, "物亦碍", 于是他换了提问的角度.

附注: 威尔逊云室简介.

英国物理学家威尔逊 (Charles Thomson Rees Wilson, 1869—1959) 于 1927 年荣获了诺贝尔物理学奖. 他于 1894 年发明了一个叫"云雾室"(Cloud Chamber, Wilson Chamber) 的装置, 它里面充满了干净空气和酒精（或乙醚）的饱和汽. 带电微粒进入云室就成了"云雾"凝结的核心, 形成雾点, 这些雾点便显示出微粒运动的"足迹". 因此, 通过"云雾室"可以来观察肉眼看不见的基本粒子（电子、质子等）的运动和变化.

关于定态跃迁的困惑

海森伯和爱因斯坦还讨论了当电子从一个定态过渡到另一个定态时会发生什么.

电子也许是突然地、不连续地从一个量子轨道跳跃到另一个量子轨道, 同时发射一个光量子; 或许是如同一束无线电波的发射, 以连续方式发射一束运动的波. 若是第一种情形, 它不能说明经常被观测到的干涉现象; 而第二种情形又不能解释尖锐的线状频率. 更何况爱因斯坦还想知道一束波的连续发射是处在什么量子态.

海森伯于是 "王顾左右而言他", 把此问题与放映电影相比较, 从一幅图像过渡到另一幅图像通常不是突然发生的, 第一幅图像慢慢变暗, 第二幅图像慢慢变亮, 所以在中间状态时我们不知道哪个图像是被意指的. 类似的情况在原子中也会发生, 即在一段时间内我们不知道它是处在哪个量子态. 可是爱因斯坦对这种解释很不满意, 立即察觉到实际上这是对量子系统知识掌握得不完备的表现, 按照这种解释将导致自然规律有统计行为的结论. 当时, 海森伯无言以对.

从他俩设想的解答看, 可以回味明代袁宏道 (1568—1610) 所说: "夫心者万物之影也, 形者幻心之托也, 神者诸想之源也……心虽不以无物无, 然必以有物有."

不过, 天才的海森伯在此问题上也不是一无所获, 他发现了定态跃迁的能极差与跃

迁时间的关系

$$\Delta E \Delta t \geqslant \frac{\hbar}{2}$$

也算是对此讨论打了一个有点结果的休止符. 至于更细腻的, 目前还有人在做实验, 用高速摄影机去观察.

量子力学中什么是可观察的问题, 牵涉到哲学, 故而为某些物理学家津津乐道. 但也有物理学家对哲学一点也提不起兴趣, 而只对方程感兴趣, 他就善于从数学符号和公式看出物理意义的狄拉克. 狄拉克曾给薛定谔写信说欣赏他的以数学推导建立物理的方式. 下文我们将简述薛定谔波动方程及玻恩对其解的物理诠释.

薛定谔波动方程和玻恩的概率波

薛定谔像

既然是波，就应该有相应的方程．薛定谔在德拜先生的激励下，想到几何光学是波动光学的近似，经典力学是波动力学的近似，在德布罗意关系的基础上，仿照电磁波的指数形式，写下了描述动量为 p、能量为 E 的一束电子波的方程式

$$\psi(x,t)=A\exp\left[\mathrm{i}\left(p_x x-Et\right)/\hbar\right]$$

再用 $\dfrac{\partial\psi}{\partial x}=\dfrac{\mathrm{i}}{\hbar}p_x\psi$ 和 $E=\dfrac{p_x^2}{2m}+V$ 建立了波动方程：

$$\mathrm{i}\hbar\frac{\partial}{\partial t}\psi=E\psi=-\frac{\hbar^2}{2m}\frac{\mathrm{d}^2}{\mathrm{d}x^2}\psi+V\psi$$

其解 ψ 冠名为波函数．薛定谔又想到原子光谱可能与某种本征值问题有关系，用傅里叶展开的方法把微观系统中能态问题简化为确定的反映其本征基波和谐波的问题，计算氢原子的能级．薛定谔方程的解可以解释光谱的亮线问题，完全符合实验结果．这种作法允许波函数的叠加也可以是解.

薛定谔不久也意识到他的作法和海森伯的做法是殊途同归, 各有千秋. 薛定谔的做法处理波函数容易结合解数理方程, 海森伯的做法处理算符容易结合李代数和矩阵.

波函数被玻恩解释为在 t 时刻找到电子在 x 处的概率, 这样一来用电子云解释代替了定态轨道, 不需要如玻尔那样硬性引入量子化条件, 玻尔理论的困难烟消云散.

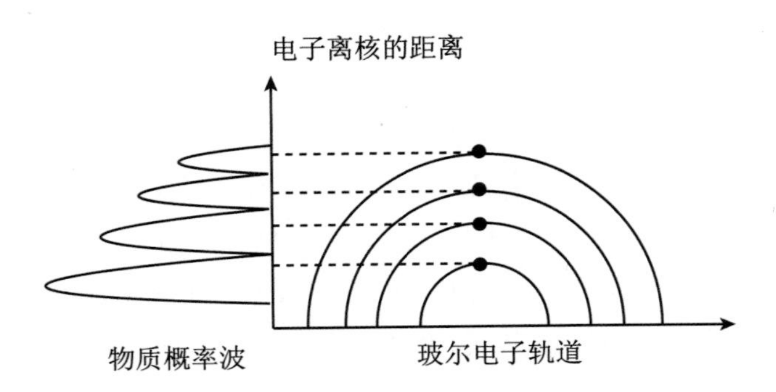

玻尔轨道被玻恩波函数取代

在全空间找到粒子的概率为 1, 所以

$$\int_{-\infty}^{\infty} \mathrm{d}x\psi^*(x,t)\psi(x,t) = 1$$

反映波函数的完备性.

玻恩的物质概率波与流感的比拟:

玻恩在 20 世纪 20 年代使哥廷根大学成了量子力学中心, 他为薛定谔的公式找到了一种新的解释: 在空间任何一个点上的波动强度——数学上通过波函数的平方来表达——是在这一点碰到粒子的概率的大小. 据此, 物质波有点类似流感. 假如流感波及一座城市, 这就意味着: 这座城市里的人患流行性感冒的概率增大了. 波动描述的是患病的统计图样, 而非流感病原体自身. 物质波以同样的方式描述的仅仅是概率的统计图样, 而非粒子自身数量. 这就像是患流感的概率, 而非流感病原体本身.

近期正值新冠肺炎疫情肆虐全球, 笔者的朋友吴泽在读这段话后说: “量子的观点也完全可以用在新冠肺炎疫情上. 如果把人的未被感染的状态记为 $|0>$, 被感染的状态记为 $|1>$; 在家隔离则意味着哈密顿量 $H=0$, 如此一来时间演化算符恒等于单位阵, 则健康的人便不可能演化成肺炎状态. 而对于整个国家这样一个大系统更是如此, 所以肺炎期间大家在自家隔离是如此重要.”

玻恩的物质概率波假设也说明为了区分全同的微观粒子而对它们编号是没有意义的, 因为它们已经没有轨道可言.

历史上, 卢瑟福最早发现放射性衰变的概率现象, 他实验室中的盖格计数器被镭源放出的粒子间歇地打响, 说明从镭放出的粒子是受概率论支配的. 光辐射也受概率论支配, 普朗克在处理黑体辐射时就认识到既然温度是大量原子的热平均, 就应该把黑体辐射描述为光的能量在一组谐振子上的分布, 每一个振子是能量子 $E=\hbar\nu$. 他发现这种分布是最可几概率分布, 能量大多数分布在中间频率范围 (鉴于高频率谐振子具有较高的能量, 因此, 在有限能量的前提下, 任何体系含的高频率谐振子不多, 这就是如今的太阳还晒不死人的原因).

然而爱因斯坦在世时, 对量子力学有两个不满: 一是觉得量子力学的数学不够完善; 二是不满概率假设, 认为目前的量子论只限于阐述关于存在的某些可能性的规律. 按照量子理论, 知道一个体系的概率就能算出另一时间值的概率; 这样一来, 所有物理定律都和客观的实体无关, 只和概率有关. 他写道: "似乎很难看到上帝的牌. 但是我一分钟也不会相信他玩着骰子和使用 '心灵感应' 的手段." 在另一场合他又说: 观察微观世界时, 其结果用统计的方法表示是可以理解的……电子存在的概率——以 A 点 50%、 B 点 30%、 C 点 20% 表示 (好比扑克的三张牌). 但认为观测的电子在 A, B, C 三点共同存在岂不可笑? 当玻尔去抽牌时, 爱因斯坦认为上帝不会愚蠢到那样做, 上帝早就知道是哪张牌了, 只是不说而已.

而玻恩反驳说: "假如说上帝给这个世界创造了一种完美的机制, 那至少是他对我们不完美的智力做了大大的让步: 为了预言这世界的小小一部分, 我们用不着去解数不清的微分方程, 而可以相当成功地利用骰子."

可见, 玻恩也承认人的认知能力的局限.

薛定谔的波动力学在 1927 年被海特勒、伦敦用于研究分子, 他们将化学键归结为一种 "交换能", 这是经典物理中没有类比的 (笔者以为也可以用量子纠缠的思想来讨论化学键). 接着, 在 1928 年, 海森堡把 "交换能" 的概念引用到铁磁性的研究中.

1941 年, 费曼给出路径积分量子化的形式, 以粒子的无穷多轨道 (每个轨道有一定的 "幅度") 代替 "波".

费曼的导师惠勒将这一做法介绍给爱因斯坦, 征求他的意见, 但爱因斯坦还是坚持认为上帝不会掷骰子.

海森伯方程和薛定谔方程的结合
——不变本征算符法求能级

笔者曾提出求量子体系能级的新方法, 称之为“不变本征算符方法”(Invariant Eigen-Operator Method, 简称 IEO 方法). 这一方法是从海森伯创建矩阵力学的思想出发, 关注能级的跃迁 (间隙), 同时结合薛定谔算符的物理意义, 把本征态的思想推广到“不变本征算符”的概念, 从而使得海森伯方程的用途更加广泛, 求若干量子体系的能级或能级公式更为简便.

在以往的量子论中, 求系统的能级一般归结于求解该系统哈密顿量的本征态方程(由薛定谔方程导出), 很少用海森伯方程, 究其原因, 这也许部分是因为人们比较熟悉解微分方程(波动方程)的缘故, 部分是因为爱因斯坦觉得薛定谔相比海森伯而言, 前者的贡献更大一些的原因. 关于他们俩谁对量子论贡献大的问题, 牵涉到历史上他们谁应先得诺贝尔奖. 薛定谔和海森伯获得的一个重要提名来自爱因斯坦, 他说: “这两个人的贡献相互独立且意义深远, 把一个奖项分给他们两个人是不合适的. 谁应该获奖这个问题很难决定. 我个人认为薛定谔的贡献更大一些, 因为我感觉与海森伯比较起来, 他创立的概念将会有更深远的发展. 如果由我做决定的话, 我会首先把奖授予薛定谔.” 在这封亲笔信的脚注中, 他加上这样一句话: “但这只是我个人的意见, 也可能是错误的.”

但是狄拉克有他自己的看法, 1963 年有人在采访狄拉克时问道: “你认为薛定谔排在第几位? ” 狄拉克回答说: “我认为他紧随海森伯之后. 尽管在某些方面, 薛定谔比海森伯头脑更聪明, 因为海森伯从实验数据中得到很多帮助, 而薛定谔所做的一切都只是靠他的大脑.” 在另一个场合, 狄拉克又说: “在我失败的地方海森伯取得了成功. 当时有一大堆光谱的数据堆积着, 而海森伯发现了恰当的方法去处理它们. 他的成功开创了理论物理的黄金时代, 在此以后的几年时间里, 第二流的学生去做第一流的工作是不难的事情.” 笔者发明的不变本征算符法也许从一个侧面支持了狄拉克的观点, 指出了海森伯方程在求动力学系统能级时也能有所作为. 有意思的是, 在 1980 年狄拉克又指出由于薛定谔理论的诞生才有可能去考虑两个粒子间的对称的或反对称的波函数.

笔者从海森伯创建矩阵力学的思想出发, 关注能级的跃迁 (间隙), 同时结合薛定谔算符的物理意义, 把本征态的思想推广到 “不变本征算符” 的概念, 从而使得海森伯方程的用途更加广泛, 求若干量子体现的能级更加方便. 具体说, 是将薛定谔算符 $\mathrm{i}\dfrac{\mathrm{d}}{\mathrm{d}t} \longleftrightarrow \hat{H}$ 与海森伯方程相结合, 对于给定的哈密顿量, 如果我们能找到某个算符 $\hat{O}_{\mathrm{e}}$ 使得

$$\left(\mathrm{i}\frac{\mathrm{d}}{\mathrm{d}t}\right)^n \hat{O}_{\mathrm{e}} = \lambda \hat{O}_{\mathrm{e}}$$

根据海森伯方程, 就得

$$\left(\mathrm{i}\frac{\mathrm{d}}{\mathrm{d}t}\right)^n \hat{O}_{\mathrm{e}} = \left[\ldots\left[\left[\hat{O}_{\mathrm{e}}, \hat{H}\right], \hat{H}\right]\ldots, \hat{H}\right] = \lambda \hat{O}_{\mathrm{e}}$$

鉴于 $\mathrm{i}\dfrac{\mathrm{d}}{\mathrm{d}t} \longleftrightarrow \hat{H}$, $(\hbar = 1)$, 所以 $\sqrt[n]{\lambda}$ 是 $\hat{H}$ 的能隙. 满足上式的算符 $\hat{O}_{\mathrm{e}}$ 就称为不变本征算符, 意指它在 $\left(\mathrm{i}\dfrac{\mathrm{d}}{\mathrm{d}t}\right)^n$ 的作用下保持形式不变. 为了更清楚地说明这一点, 在上式中取 $n = 2$, 设 $|\psi_{\mathrm{a}}\rangle$ 和 $|\psi_{\mathrm{b}}\rangle$ 是两个相紧邻居的本征态, 本征值分别是 E_{a} 和 E_{b}, 则有

$$\begin{aligned}
&\langle\psi_{\mathrm{a}}|\left(\mathrm{i}\frac{\mathrm{d}}{\mathrm{d}t}\right)^2 \hat{O}_{\mathrm{e}}|\psi_{\mathrm{b}}\rangle \\
&= \langle\psi_{\mathrm{a}}|\left[\left[\hat{O}_{\mathrm{e}}, \hat{H}\right], \hat{H}\right]|\psi_{\mathrm{b}}\rangle \\
&= (E_{\mathrm{b}} - E_{\mathrm{a}})^2 \langle\psi_{\mathrm{a}}|\hat{O}_{\mathrm{e}}|\psi_{\mathrm{b}}\rangle \\
&= \lambda \langle\psi_{\mathrm{a}}|\hat{O}_{\mathrm{e}}|\psi_{\mathrm{b}}\rangle
\end{aligned}$$

只要 $\langle\psi_{\mathrm{a}}|\hat{O}_{\mathrm{e}}|\psi_{\mathrm{b}}\rangle$ 不为零, $|\psi_{\mathrm{a}}\rangle$ 与 $|\psi_{\mathrm{b}}\rangle$ 的能隙就是 $|E_{\mathrm{a}} - E_{\mathrm{b}}| = \sqrt{\lambda}$, 而不需要去解薛定谔方程, 可见不变本征算符方法的有效与简捷.

在用不变本征算符方法求解某些哈密顿量能谱的时候, 常会有几个算符组成 $\hat{O}_{\mathrm{e}}$ 后, 做 n 次的对易子计算 $\left[\left[\cdots\left[\hat{O}_{\mathrm{e}}, \hat{H}\right], \hat{H}\right], \cdots, \hat{H}\right] = \lambda \hat{O}'_{\mathrm{e}}$, 而 $\hat{O}_{\mathrm{e}}$ 和 $\hat{O}'_{\mathrm{e}}$ 不成比例. 但是我

们发现组成该 $\hat{O}'_{\rm e}$ 中的某个算符与哈密顿量 H 有共同本征态, 在此本征态空间中该算符退化为本征值, 于是 $\hat{O}_{\rm e}$ 和 $\hat{O}'_{\rm e}$ 就成比例了. 我们称这种方法为 "赝不变本征算符方法", 它是 "不变本征算符方法" 的弱化.

不变本征算符方程 $\left(\mathrm{i}\dfrac{\mathrm{d}}{\mathrm{d}t}\right)^2\hat{O}_{\rm e}=\left[\left[\hat{O}_{\rm e},\hat{H}\right],\hat{H}\right]=\lambda\hat{O}_{\rm e}$ 的经典对应是

$$\frac{\mathrm{d}^2\mathfrak{O}}{\mathrm{d}t^2}=\{\mathfrak{H},\{\mathfrak{H},\mathfrak{O}\}\}=\lambda\mathfrak{O}$$

这里 $\{\mathfrak{H},\mathfrak{O}\}$ 是泊松括号, $\mathfrak{O}$ 是经典动力学变量. $\mathfrak{O}$ 的时间演化方程是

$$\frac{\mathrm{d}\mathfrak{O}}{\mathrm{d}t}=\sum_i\left(\frac{\partial\mathfrak{O}}{\partial p_i}\dot{p}_i+\dot{q}_i\frac{\partial\mathfrak{O}}{\partial q_i}\right)$$

用哈密顿正则方程

$$\dot{q}_i=\frac{\partial\mathfrak{H}}{\partial p_i},\quad \dot{p}_i=-\frac{\partial\mathfrak{H}}{\partial q_i}$$

以及泊松括号的定义

$$\{f,g\}=\sum_i\left(\frac{\partial f}{\partial p_i}\frac{\partial g}{\partial q_i}-\frac{\partial f}{\partial p_i}\frac{\partial g}{\partial q_i}\right)$$

就有

$$\frac{\mathrm{d}\mathfrak{O}}{\mathrm{d}t}=\sum_i\left(\frac{\partial\mathfrak{H}}{\partial p_i}\frac{\partial\mathfrak{O}}{\partial q_i}-\frac{\partial\mathfrak{O}}{\partial p_i}\frac{\partial\mathfrak{H}}{\partial q_i}\right)=\{\mathfrak{H},\mathfrak{O}\}$$

所以 $\dfrac{\mathrm{d}^2\mathfrak{O}}{\mathrm{d}t^2}=\{\mathfrak{H},\{\mathfrak{H},\mathfrak{O}\}\}=\lambda\mathfrak{O}$ 被称为是不变本征泊松括号法求力学系统的简正坐标.

狄拉克符号和表象

狄拉克像

薛定谔方程刚问世后, 海森伯加以抵制. 反过来, 薛定谔对海森伯的工作也不看好. 所谓“学未至圆通, 合己见则是, 违己见则非. 如以南方之舟, 笑北方之车; 以鹤头颈之长, 憎恨凫胫之短”, 是狄拉克把薛定谔叙述和海森伯叙述用数学统一起来. 海森伯在 1926 年所说: “在量子论中出现的最大困难是有关语言运用问题. 首先, 我们在使用数学符号与用普通语言表达的概念相联系方面无先例可循; 我们从一开始就知道的只是不能把日常的概念用到原子结构上.” 于是狄拉克符号应运而生.

法国雕塑家罗丹说: “所谓大师就是这样的人, 他们用自己的眼睛去看别人看过的东西, 在别人司空见惯的东西上能发现出美来.” 另有人说过: “天才唯一的要点, 就是人人不能表现, 或难于表现的, 他能将其表现出来.”

狄拉克就是这么一位天才，初入道时曾富有激情地研究原子中电子的玻尔轨道，为了理解在相互作用下玻尔轨道是如何形成的问题他苦苦工作了两三年. 直到看了海森伯的文章后他才意识到"我赖以出发的基本观念是错误的". 在海森伯的理论中，只有那些连接两个玻尔轨道的值（跃迁矩阵元）才会出现，这导致了坐标算符与动量算符不可以交换. 受海森伯文章的启示，狄拉克领悟到不对易性是建立量子力学的关键. 在悠闲散步时他突然想到了经典力学的泊松括号与量子对易括号的相似处，这深化和充实了海森伯的思想. 狄拉克把他的发现写成文章，寄给海森伯征求意见，得到后者的赞赏.

1926 年，狄拉克被玻尔召到哥本哈根，针对量子力学缺乏能表现其本质的数学符号，他花了一年时间发明了由 ket-bra 符号组成的体系——符号法. 狄拉克的符号法有平淡简洁的特点. 牛顿曾说："寻求自然事物的原因，不得超出真实和足以解释其现象者." 在另一场合，他又说："自然界不做无用之事，若少做已经成功，多做便无用." 所以，新引入的符号若想有永垂不朽之效，必须平淡出于自然，无雕琢之痕迹.

狄拉克符号的功能是：

（1）系统状态的波函数看成在抽象空间中的态矢量 $|\psi\rangle$，ket（右矢），在 bra（左矢）上的投影，有

$$\psi(x) = \langle x|\,\psi\rangle$$

这一分解抽象出 $\langle x|$，其集合构成坐标表象（不是哲学意义的. 在哲学范畴，表象是事物不在眼前时，人们在头脑中出现的关于事物的形象. 从信息加工的角度来讲，表象是指当前不存在的物体或事件的一种知识表征，这种表征具有鲜明的形象性）.

狄拉克符号又把算符写成 $|A\rangle\langle B|$ 的形式. 当 $A = B$ 时，$|A\rangle\langle A|$ 称为纯态，而 $\sum_l C_l\,|\rangle_{ll}\langle|$ 称为混合态.

量子力学中态和力学量的具体表述方式称为表象（representation)，力学量的本征表象是指可以将算符用数来明确表示的"框架". 例如在坐标表象中，体系的状态是以坐标的函数（波函数）来描写的，力学量则以作用在这种波函数上的运算（如微分运算）来表示. 各种表示之间的等价相互变换则称为表象变换，这些变换有的可以用幺正变换相联系，有的则不能. 而有资格称为表象的是其必须有完备性，作者指出还应该有混态表象，这极大地扩充了量子统计理论知识. 在力学量 (算符) 的自身表象中，算符表现为普通数，例如坐标算符 X 在自身表象中表达为

$$X\,|x\rangle = x\,|x\rangle$$

（2）测量算符可以用对称的 ket-bra表示，如测量粒子时发现其坐标 x 可以写为

$$\delta(x - X) = |x\rangle\langle x|$$

（3）给出表象完备的简式.

从物理考虑, 任意物理态 $|\psi\rangle$ 的概率波的完整性要求

$$\int_{-\infty}^{\infty} \mathrm{d}x \psi^*(x)\psi(x) = 1$$

换成狄拉克的符号来表示, 可以得出此表象的完备性关系:

$$\int_{-\infty}^{\infty} \mathrm{d}x\, |x\rangle\langle x| = 1$$

大家都认可它是物理要求, 但范洪义在 1966 年想到了此式还没有在数学意义上实现牛顿-莱布尼茨积分. 如果不经意地写下

$$\int_{-\infty}^{\infty} \mathrm{d}x \left|\frac{x}{2}\right\rangle\langle x| = ?$$

无人知道答案, 因为从来就无人问津. 于是对不对称的 ket-bra 积分就是一个新的研究课题.

（4）用简洁的符号统一了海森伯的矩阵力学表述和薛定谔的波动力学表述.

右矢 $|\ \rangle$ 代表列矩阵, 左矢 $\langle\ |$ 代表行矩阵; 内积

$$\langle B|A\rangle = \begin{pmatrix} \qquad\qquad \end{pmatrix}\begin{pmatrix} \\ \quad \\ \\ \end{pmatrix} = 数$$

方矩阵简化为算符 $|\ \rangle\langle\ |$

$$|A\rangle\langle B| = \begin{pmatrix} \\ \quad \\ \\ \end{pmatrix}\begin{pmatrix} \qquad\qquad \end{pmatrix} = \begin{pmatrix} \\ \qquad\qquad \\ \\ \\ \end{pmatrix}, \quad \mathrm{Tr}\,|A\rangle\langle B| = \langle B|A\rangle$$

一个跃迁矩阵元记为 $\langle \mathrm{out}|\hat{X}|\mathrm{in}\rangle$, 就形象地反映出初始状态 $|\mathrm{in}\rangle$ 经过一个仪器（$\hat{X}$ 作用）而变为输出状态 $\langle \mathrm{out}|$

$$\langle \mathrm{out}|\hat{X}|\mathrm{in}\rangle = \begin{pmatrix} \qquad\qquad \end{pmatrix}\hat{X}\begin{pmatrix} \\ \quad \\ \\ \end{pmatrix}$$

（5）体现波粒二象性于表象变换.

波粒二象——既在某固定处，却又弥望皆是也. 理想情况下，动量 p 值确定的波是平面波 e^{ipx}，弥散在空间中，所以其 x 值不定；当弥散的波收敛于一个点时，那么一个经典意义下的有确定位置 x 的质点（好像一条无穷长的直线的 x 处停着一只蜜蜂），数学上怎样表达呢？天才狄拉克就发明 δ-函数（Delta 函数）来表示之. 函数

$$\delta(x)=\begin{cases}0, & x\neq 0\\ \infty, & x=0\end{cases},\quad \int_{-\infty}^{\infty}\mathrm{d}x\delta(x)=1$$

其功能是，当 δ 与其他函数相乘求积分时，可以只取这个函数在 $x=0$ 处的值进行计算. 有了 Delta 函数，波粒二象性用数学表达为

$$\delta(x)=\frac{1}{2\pi}\int_{-\infty}^{\infty}\mathrm{d}pe^{-ipx}$$

这是经典傅里叶变换的一个重要公式，当代数学倘若还没有 Delta 函数，则举步维艰. 介于 $\delta(x)$ 和 $\mathrm{e}^{-\mathrm{i}px}$ 这两个理想情况之间的就是一个波包，它是若干个不同 p 值的平面波的叠加. 将 $\delta(x)$ 也看作一个特别的波函数，用狄拉克符号改写为

$$\delta(x)=\langle x'=0|x\rangle$$

平面波 $\mathrm{e}^{\mathrm{i}px}$ 改写为

$$\frac{1}{\sqrt{2\pi}}\mathrm{e}^{-\mathrm{i}px}=\langle p|x\rangle$$

这样一来，

$$\langle x'=0|x\rangle=\frac{1}{\sqrt{2\pi}}\int_{-\infty}^{\infty}\mathrm{d}p\langle p|x\rangle=\langle x'=0|\int_{-\infty}^{\infty}\mathrm{d}p|p\rangle\langle p|x\rangle$$

表明 $\int_{-\infty}^{\infty}\mathrm{d}p|p\rangle\langle p|=1$，而

$$|x\rangle=\int_{-\infty}^{\infty}\mathrm{d}p|p\rangle\langle p|x\rangle=\frac{1}{\sqrt{2\pi}}\int_{-\infty}^{\infty}\mathrm{d}p|p\rangle\mathrm{e}^{-\mathrm{i}px}$$

就是表象变换. 可见波粒二象性等价于表象变换. 坐标本征态 $|x\rangle$（精确地测量坐标得 x 值）和动量本征态 $|p\rangle$（精确地测量动量得 p 值）都只是理想的态而不能实现.

符号法的引入符合爱因斯坦的研究信条：“人类的头脑必须独立地构思形式，然后我们才能在事物中找到形式.”

初学量子力学的人要先了解量子力学的用语，即狄拉克符号，如果学生们一开始就能径以狄拉克符号为其思想之表象，不必要处处“译”成函数，并且学会有序算符内积分方法，那么就容易熟悉量子论的用语和表象变换（“常识”），学到一个系统，从而习惯量子力学，较自然地接受量子论，达到所谓的习惯成自然.

狄拉克符号是外在的量子世间与狄拉克本人的精神世界发生联系时, 他所产生的一种特殊的感觉. 他之所以有这种与众不同的感觉是由于他有工科知识的背景, 具体地说是投影矢量空间的知识（或者张量的知识）. 这种特殊的感觉经过理性的抽象后倾吐出来, 于是就有了态矢（bra 和 ket）, 这是狄拉克的天才之处. 因为一个好的符号不但能够简洁深刻地反映物理本质, 把物理内容与数学符号有机相应, 而且可以大量节约人们思维的脑力. 狄拉克在 1930 年的《量子力学原理》中写道: "……符号法, 用抽象的方式直接处理有重要意义的一些量……""但是符号法看来更能深入事物的本质, 它可以使我们用简洁精练的方式来表达物理规律, 很可能在将来当它变得更为人们所了解, 而且它本身的特殊数学得到发展时, 它将更多地被人们所采用."

狄拉克符号之难于理解即便是爱因斯坦也未能幸免, 他在给好朋友荷兰物理学家艾伦菲斯特的信中写道: "我对狄拉克感到头疼. 就像走在令人眩晕的小径上, 在这种天才和疯狂之间保持平衡是很可怕的."

如今, 狄拉克符号法已经成为量子力学的语言, 就更需要有人去发展它的数学. 爱因斯坦说: "如果语言要能够被理解, 那么在符号和符号之间的关系中就必须要有些规则. 同时, 在符号和印象之间又必须要有固定的对应关系."

但是, 从 1930 年到 1980 年的半个世纪中, 没有一篇真正直接发展符号法的文献, 以至于人们慢慢遗忘了狄拉克的这种期望.

如狄拉克所说, 一个想法的创始人不是去发展这一想法的最合适人选, 这是一个一般规则, 因为他临事而惧, 以至于阻止他以一个超脱的方法来观察问题.

如今量子力学已经悄然出现了一个新学派, 它酝酿于 20 世纪 70 年代, 其出发点是发展狄拉克的符号法. 当时初出茅庐的范洪义为此提出了有序算符内积分方法, 他坚信内容深刻但形式简洁优美的先进数学能帮助窥探新物理. 经过 50 多年的科研辍耕, 该学派已经积累了上千篇 SCI 系列论文, 这些论文被引用上万次. 其鲜明特点是发现了经典正则变换向量子幺正变换的捷径, 扩充了多个新表象特别是纠缠态表象, 来解决算符的排序问题, 从而发现多种光学变换和新光场; 并借助表象和有序算符内的积分方法, 将量子表象和数理统计的正态分布相联系, 展现了用量子物理理论发展数学特殊函数的捷径. 相空间量子力学、量子光学和量子统计的内容也因此都得以充盈, 不少难题如激光的熵的计算得以解决.

学派顾名思义是指学术上有源头、成系统、有长远影响的学术队伍. 有源头是指其学术思想是创新的且有公认的学术巨擘, 其成果沉淀为学问将出现在量子力学教科书上. 范洪义和他的合作者的基本成果迟早要作为量子力学教科书的内容而流芳.

发明有序算符内积分方法之灵感

除了不接受量子力学的概率假设以外, 爱因斯坦还曾对英费尔德说起, 从美学的观点看来, 量子力学是残缺不全的, 不能令人满意. 英费尔德认为爱因斯坦对自然界的美感和对科学理论的美感是交织在一起的.

另一方面, 尽管狄拉克符号由于其简洁, 从一开始就得到人们的青睐. 但符号法由于其高度的抽象, 确实不易理解. 爱因斯坦和艾仑菲斯特在一起研究和学习狄拉克的符号法时, 觉得比较难. 狄拉克自己也认为他对量子力学的阐述比较抽象, 尽管能反映物理本质. 毫无疑问, 它也应该随着量子理论与实验的不断发展而日趋丰富、深化和完善.

这正如一位现代物理学家劳厄曾在《物理学史》中慨叹道: "尽管麦克斯韦的理论具有内在的完美性, 并和一切经验相符合, 但它只能逐渐地被物理学家们接受. 他的思想太不平常了, 甚至像赫尔姆赫兹和波尔兹曼这样有异常才能的人, 为了理解它也花了几年的工夫." 那么, 一代又一代的量子力学学者为了理解符号法又花了多少工夫呢? 他们真正理解了狄拉克的符号法吗?

科学从某种意义上来说是为了改善我们的思考方式. 量子力学普朗克常数的发现要求我们以能量分离的观点看待微观世界, 这已经是金科玉律了. 在量子物理中, 通向更深入的基本知识的道路是与最简洁的数学描述相联系的. 狄拉克曾指出: “理论物理学的发展中有一个相当普遍的原则, 即人们应当让自己被引入数学提示的方向. 让数学思想引导自己前进是可取的.”

为了深入发展狄拉克符号法, 使之“理形于言, 叙理成论”, 笔者的灵感是认为要用有序的观点去分析力学量算符, 这是因为量子力学理论建立在一组基本算符的不可交换的基础上. 按照奥地利物理学家马赫的观点: 把作为元素的单个经验排列起来的事业就是科学, 怎样排以及为什么要这样排, 取决于感觉. 马赫称元素的单个经验为“感觉”. 算符的排列有序或无序, 其表现形式便不同, 感觉有差别. 量子力学就是排列算符看好的科学.

说起有序, 空间事物排列的有序会使得人眼观察一目了然, 信息量的摄入就多; 相反, 杂乱无章的事物会给人脑中留下一片狼藉. 另一方面, 事件的时间排序突出事情的轻重缓急.

生活中需要排序的事情不胜枚举, 例如在超市排队买东西付账; 运动员比赛（淘汰赛）前抽签, 两个顶级高手抽签的结果正好在第一轮就相遇, 其中一个立被淘汰出局, 这样的排序是很不公正的. 又如, 整理书架, 是按内容排序还是按书的购进日期排序? 还是按书名的汉语拼音排序? 为此, 数学家研究出了一些排序算法. 计算机也是靠编程序才有生命的, 冯 • 诺伊曼发明了“合并排序”来编写计算机程序, 以提高编程的效率.

写到此处, 笔者想起奥地利物理学家玻尔兹曼说的: “一个物体的分子排列可能性决定了熵的大小. 举例说, 如果某个状态有许多种分子排列方式, 那么它的熵就很大.” 量子算符函数有多种排列方式, 所以其“熵”也很大, 即可研究的内容很多.

而量子力学的算符排序问题需要物理学家自己解决, 因为物理学家与数学家的思维方式不同. 在量子力学中, 由于两个基本算符不可交换, 排序问题尤为重要. 譬如说, 光的产生和湮灭是有次序的, 光子的产生和湮灭算符之间遵循不生不灭的顺序. 要探索新的光场, 就要构建量子光场的密度算符, 如果不按某种方式排好序, 它是不露真相的, 因而新光场不易被察觉、进而被深入研究.

光场的密度算符的复杂性用数学家的通常方法是很难被排成正规序、或 Weyl-排序的. 为了摆脱困境, 笔者研究出了一套用量子力学表象完备性结合积分的排序方法给出了算符排序互换的积分公式. 对于某个算符函数, 按此公式只需做一个积分就完成了算符排序的任务.

在 1966 年前后, 笔者在自学研读《量子力学原理》时, 意识到牛顿-莱布尼茨积分规则对由连续的 ket-bra 组成的算符积分存在困难, 原因是这些算符包含着不可对易的成分. 例如怎样完成积分 $\int_{-\infty}^{\infty}\mathrm{d}x\left|\frac{x}{2}\right\rangle\langle x|$, 其中 $|x\rangle$ 是坐标本征态, 尽管以前的书中有量

子力学坐标表象的完备性 $\int_{-\infty}^{\infty} \mathrm{d}x \left|x\right\rangle\left\langle x\right| = 1$. 这个问题乍一看来似觉肤浅, 但实际上是一个有基本重要性的课题. 这是继 17 世纪牛顿-莱布尼茨发明微积分、18 世纪泊松把积分推广到复平面, 积分学对应于量子力学应该发展的一个新方向. 如何使牛顿-莱布尼茨积分适用于对 $\left|\frac{x}{\mu}\right\rangle\left\langle x\right|$ 的积分是一个挑战. $\left\langle x\right|$ 是坐标本征态, 坐标本征值 $x \to \frac{x}{\mu}$ 是一种压缩变化, 属于经典变换, 如能把此积分算出一个结果, 就得到一个算符的显式, 就实现了从经典到量子变换的过渡. 注意到做这件事的困难是: 这是一个对算符的积分, 而这个算符的内涵可能又包含了一些不可对易的基本算符, 那么这些基本算符是什么呢? 另一问题是对于不可对易的对象的乘积积分（或求和）本身就含糊不清, 由于乘积因子不可交换, 积分是对前者先积呢还是对后者先积呢? 经过多年摸索, 笔者终于用一种非传统的思路找到了解决问题的捷径.

首先应把 $\left|x/\mu\right\rangle\left\langle x\right|$ 表示为 Fock 空间的产生、消灭算符（基本算符）$a^\dagger$ 与 a 的函数, 然后设法让 a 与 $a^\dagger$ 在某种排序规则的记号内可以交换位置（对易）, 这样一来, a 与 $a^\dagger$ 在做积分时就只是扮演了参变量的角色. 玻色算符有一种正规排序（normal ordering）, 如在一个由 a 与 $a^\dagger$ 函数所组成的单项式中, 所有的 $a^\dagger$ 都排在 a 的左边, 则称其为已被排好为正规乘积了, 以 $::$ 标记之. 由于它已经是正规排序的算符, 因此在 $::$ 的内部, a 与 $a^\dagger$ 是可以交换的（因为无论它们在内部如何任意地交换, 而当要撤去 $::$ 时, 所有的 $a^\dagger$ 必须排在 a 的左边, 在 $::$ 内部 a 与 $a^\dagger$ 的任何交换不会改变其最终结果）, 于是积分就可以对 $::$ 内部的普通函数（以 a 与 $a^\dagger$ 为积分参数）进行了. 所以对 $\left|\frac{x}{\mu}\right\rangle\left\langle x\right|$ 积分的步骤是首先将它用 a 与 $a^\dagger$ 展开, 然后将其纳入正规排列, 套上 $::$ 后, a 与 $a^\dagger$ 就从原来的不可交换变成可对易了, 就可以对 x 积分了, 积分过程中保留 $::$. 在积分后去掉 $::$ 时, 事先把产生算符都置于消灭算符的左边. 这样一个积分技术是有序算符内积分方法的要点.

以上这些步骤相当于想象自己是外星人, 有特异功能, 能一眼将不可交换的算符看作可交换的, 大脑中能自动地将无序的算符排列成某种有序的结果.

IWOP 方法对于量子力学基础理论的影响, 也许可以用"苔衬法"在中国山水画中的地位作比喻. 在画山水树石时都少不了点苔. 细微的点苔在整个画中似乎只是点缀和衬托, 但点苔本身也是一门学问, 有了它才气韵生动, 故称为"山水眼目", 不可或缺. IWOP 方法把量子论中的几个重要的基本概念, 如态矢量、表象、算符等以积分贯成一气来研究, 打通了量子力学的"任脉"与"督脉", 使其"经络疏通", 内容更加生动丰富.

有序算符内积分方法把态矢量、表象与算符以积分相联系, 又把表象积分完备性与算符排序融合, 不但可以导出大量有物理意义的新表象和新幺正算符, 而且提供了从经典变换过渡到量子力学幺正变换的自然途径, 丰富和发展了量子相空间理论, 使得原本因抽象而“干涩”的量子力学表象与变换论有了生气与灵动，成为一个严密的、自洽的、内部“经脉疏通、气息调匀”的数理系统，就像是从一幅山水画中既听到了潺潺水流，又感受到了风云叱咤．笔者相信，在懂得了对量子力学的 ket-bra 算符积分的 IWOP 方法以后，就可进一步体会到狄拉克符号法“随物赋形”的韵律和美感，原本底气不足的读者对于现行量子力学数理基础正确性的信心就会大大增强，对于探索量子世界奥秘就会兴趣盎然．

如果把狄拉克符号法看成量子力学园地里栽的一棵树，那么树上的“花”（有序算符内积分方法）是在范洪义来观赏时才盛开的，甚至没有经历含苞欲放的阶段．这是否又一次应了王阳明所谓的“心即理”的论点呢？

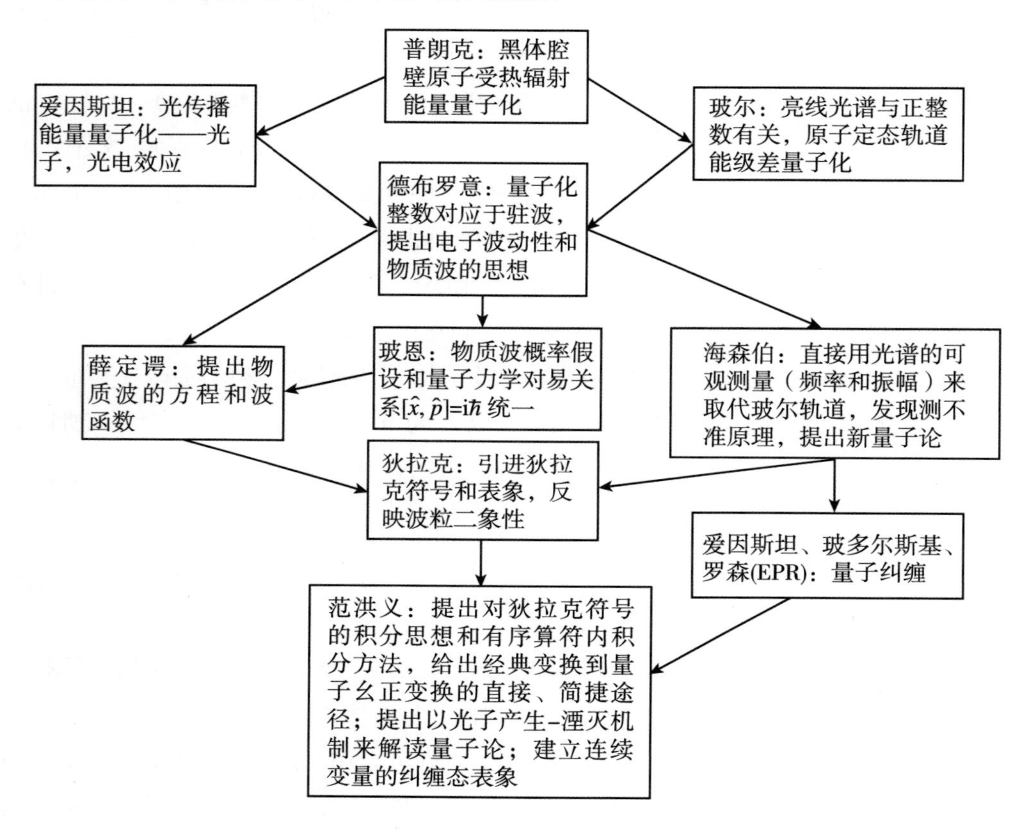

非相对论量子力学理论发展世系谱图

有序算符内积分方法的思想来源是非逻辑的，是跳跃式地潜入笔者脑中的，难怪西方诸多大物理学家包括狄拉克本人都没有想到．而笔者能想出这个理论是否是由于笔者潜移默化地受东方王阳明的“致良知”心学的影响呢？还是笔者喜欢琢磨古诗句、常作诗消愁的自然结果呢？这两种情形笔者都不信．还是用费曼的话来说明吧：“每一次我们陷入僵局时，就是因为我们用的方法是以前用过的方法. 但下一个策划，下一个新发现，经常需要完全不同的方法. 因此，历史给我们的帮助力不会太大. 想出新理念并不容易，那需要难以置信的想象力.”

我国氢弹之父于敏先生对范洪义关于发展狄拉克符号法工作给予肯定.

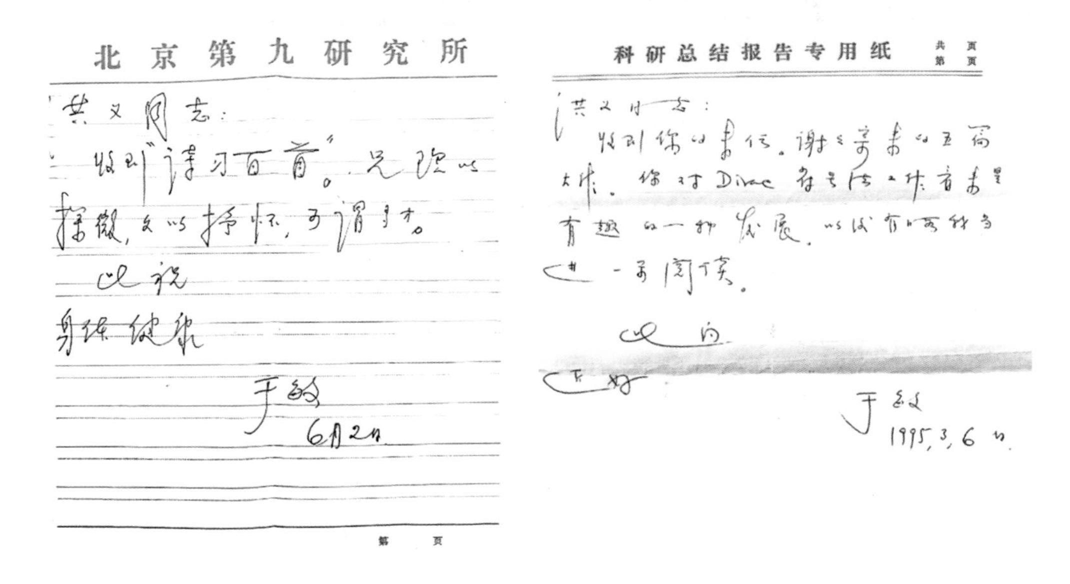

北京第九研究所

洪义同志：

收到“读习百首”。兄既以探微，又以抒怀，可谓多才。

此致

身体健康

于敏

6月2日

第　页

科研总结报告专用纸　共　页　第　页

洪义同志：

收到你的来信。谢谢寄来的五篇大作。你对 Dirac 符号法工作有着有趣的一种发展。以后有时间将会进一步阅读。

此致

你好

于敏

1995，3，6日

于敏先生给笔者的两封回信

以正态分布理解玻恩的概率论

谐振子振动所发出的波若参照德布罗意的波粒二象性就对应着产生粒子, 这启发我们先把经典谐振子的哈密顿量 $\dfrac{1}{2m}p^2+\dfrac{1}{2}m\omega^2x^2$ 量子化为算符, 即把经典坐标 x 和动量 p 分别量子化为 $\hat{X}$, $\hat{P}$, 得到量子谐振子

$$\hat{H}=\frac{1}{2m}\hat{P}^2+\frac{1}{2}m\omega^2\hat{X}^2, \qquad \left[\hat{X},\hat{P}\right]=\mathrm{i}\hbar$$

然后用 $\hat{X}$, $\hat{P}$ 的组合定义算符 $a^\dagger$ 和 a:

$$a=\frac{1}{\sqrt{2}}\left(\sqrt{\frac{m\omega}{\hbar}}\hat{X}+\mathrm{i}\frac{\hat{P}}{\sqrt{m\hbar\omega}}\right)$$

$$a^\dagger=\frac{1}{\sqrt{2}}\left(\sqrt{\frac{m\omega}{\hbar}}\hat{X}-\mathrm{i}\frac{\hat{P}}{\sqrt{m\hbar\omega}}\right)$$

于是

$$\hat{H}=\left(a^\dagger a+\frac{1}{2}\right)\hbar\omega$$

$a^\dagger a$ 的本征值是正整数, 体现粒子性, 所以引入 $a^\dagger$ 和 a 相当于把振动的坐标和动量换成粒子性来研究. 以下取 $m,\omega,\hbar$ 为 1, 根据 $\left[\hat{X},\hat{P}\right]=\mathrm{i}\hbar$, 易得

$$\left[a,a^\dagger\right]=1$$

$aa^\dagger$ 与 $a^\dagger a$ 排序不同, 所以 $\mathrm{e}^{fa^\dagger}\mathrm{e}^{fa}\neq\mathrm{e}^{fa}\mathrm{e}^{fa^\dagger}\neq\mathrm{e}^{fa^\dagger+fa}$. 用记号: : 表示正规序, 即 $a^\dagger$ 排在 a 的左边, 例如 $a^\dagger a$ 为正规序, 故 $a^\dagger a=:a^\dagger a:$; 另一方面, $:aa^\dagger:$ 已经是正规序算符了, 所以 $:aa^\dagger:=a^\dagger a$, 这就表明

$$:aa^\dagger:=:a^\dagger a:$$

换言之, 在: : 内部, $a^\dagger$ 和 a 是可以交换的. 数学上可以证明

$$\mathrm{e}^{f\left(a+a^\dagger\right)}=\mathrm{e}^{fa^\dagger}\mathrm{e}^{fa}\mathrm{e}^{f^2/2}=:\mathrm{e}^{fa^\dagger}\mathrm{e}^{fa}:\mathrm{e}^{f^2/2}$$

设想有一个外星人, 他有自动调节算符为正规序的特异功能, 看到的 $a^\dagger$ 与 a 的函数不管其顺序如何, 在他脑中呈现的都是正规序的, 这个外星人看到的 $a^\dagger$ 与 a 是可以交换的, 正如在正规序内的 $a^\dagger$ 与 a 是可以交换的那样. 类似的事情发生在地球人身上, 物体虽然在地球人的眼球 (作为一个凸透镜) 中成倒像, 但在其脑中却呈现正像. 所以, 在 : : 内部 a 与 $a^\dagger$ 对易, 于是 $:\mathrm{e}^{fa^\dagger}\mathrm{e}^{fa}:=:\mathrm{e}^{fa^\dagger+fa}:$. 由 $\int_{-\infty}^{\infty}\mathrm{d}x\left|x\right\rangle\left\langle x\right|=1$, 知道坐标测量算符 $\left|x\right\rangle\left\langle x\right|=\delta(x-\hat{X})$, 用其傅里叶变换得

$$\delta(x-\hat{X})=\frac{1}{2\pi}\int_{-\infty}^{\infty}\mathrm{d}p\mathrm{e}^{\mathrm{i}p(x-\hat{X})}=\frac{1}{2\pi}\int_{-\infty}^{\infty}\mathrm{d}p\mathrm{e}^{\mathrm{i}p\left(x-\frac{a+a^\dagger}{\sqrt{2}}\right)}$$

把它排成正规乘积, 由于在 : : 内部 a 与 $a^\dagger$ 对易, 故在积分时可以把它们看作参量, 积分就得到

$$\begin{aligned}\delta(x-\hat{X})&=\frac{1}{2\pi}\int_{-\infty}^{\infty}\mathrm{d}p:\mathrm{e}^{-\frac{p^2}{4}+\mathrm{i}p\left(x-\frac{a^\dagger}{\sqrt{2}}\right)-\mathrm{i}p\frac{a}{\sqrt{2}}}:\\&=\frac{1}{\sqrt{\pi}}:\exp\left[-\left(x-\frac{a+a^\dagger}{\sqrt{2}}\right)^2\right]:=\frac{1}{\sqrt{\pi}}:\mathrm{e}^{-(x-\hat{X})^2}:\end{aligned}$$

这样一来, 在地球人看来是处在 x 点处的粒子, 在外星人看来是一个正态分布 $:\mathrm{e}^{-(x-X)^2}:$. 量子力学的表象以有序算符的方式呈现正态分布, 正态分布是数理统计和概率论中的常见函数 (见下文), 所以本文的讨论从一个侧面支持玻恩关于量子力学的概率假设.

在量子论诞生一百周年之际, 物理学家惠勒写了一篇文章, 题目是 "我们的荣耀和惭愧". 荣耀是因为一百年中, 物理学的所有分支的发展都有量子论的影子. 惭愧的则是, 由于一百年过去了, 人们仍然不知道量子化的来源.

现在, 有了有序算符内积分方法——一种简捷而有效的算符序的重排理论, 它可以将经典变换直接通过积分过渡到量子幺正算符, 把普通函数的数理统计算符化, 我们就在数学上对量子化的来源有了较深入的理解. 诸位学习量子力学想得到真知的, 不可不掌握这方法啊. 而想要在物理上挖掘量子化的来源, 请读者往下看《从光子的产生-湮灭机制谈量子力学的必然》一文.

经典正态分布的期望值与方差

在概率论与数理统计中, 正态分布最基本、最常用. 实际上, 生活中的许多随机现象都服从或近似地服从正态分布. 例如, 在正常生产条件下各种产品的质量指标; 在随机测量过程中测量的结果、生物学中同一群体的某种特征、气象学中的月平均气温、湿度等.

设 x 有正态分布, 参数为 (μ,σ^2), 求其平均值

$$\frac{1}{\sqrt{2\pi}\sigma}\int_{-\infty}^{\infty}x\mathrm{e}^{-\frac{(x-\mu)^2}{2\sigma^2}}\mathrm{d}x=\frac{\sigma}{\sqrt{2\pi}}\int_{-\infty}^{\infty}\mathrm{e}^{-\frac{(x-\mu)^2}{2\sigma^2}}\mathrm{d}\frac{(x-\mu)^2}{2\sigma^2}+\mu\int_{-\infty}^{\infty}\frac{1}{\sqrt{2\pi}\sigma}\mathrm{e}^{-\frac{(x-\mu)^2}{2\sigma^2}}\mathrm{d}x=\mu$$

为求其方差值, 令 $u=\dfrac{x-\mu}{\sigma}$, 得到

$$D\equiv\frac{1}{\sqrt{2\pi}\sigma}\int_{-\infty}^{\infty}(x-\mu)^2\mathrm{e}^{-\frac{(x-\mu)^2}{2\sigma^2}}\mathrm{d}x=\frac{\sigma^2}{\sqrt{2\pi}}\int_{-\infty}^{\infty}u^2\mathrm{e}^{-\frac{u^2}{2}}\mathrm{d}u=\sigma^2$$

可见正态密度 $\mathrm{e}^{-\frac{(x-\mu)^2}{2\sigma^2}}$ 的两个参数 μ 与 σ^2 有明确的概率意义, 它们分别是正的数学期望与方差. 也就是说正态分布完全决定于数学期望与方差.

正态分布为方程

$$\frac{\partial f}{\partial x}=\frac{\partial^2 f}{\partial \tau^2}$$

之解. 实际上, 用傅里叶积分法求解得到

$$f(x,\tau)=\frac{1}{2\sqrt{\pi\tau}}\int_{-\infty}^{\infty} f(x',0)\,\mathrm{e}^{-\frac{(x-x')^2}{4\tau}}\mathrm{d}x'$$

正态分布的另一物理例子是: 波包

$$\Psi(x)=\left(\frac{1}{2\pi\sigma^2}\right)^{\frac{1}{4}}\exp\left(\frac{\mathrm{i}p_0x}{\hbar}-\frac{x^2}{4\sigma^2}\right)\quad(\sigma,p_0\text{为常量})$$

它代表的态是一个使海森伯不确定关系求最小值的态.

上述观点也可以用另一种方式表达, 即在一个保守系中, 当内能与体积固定时, 熵 S 具有某一数值的概率 W 与 $\mathrm{e}^{\frac{S}{k}}$ 成正比, 即 $W(x)\,\mathrm{d}x=$ 恒量 $\times\mathrm{e}^{\frac{S(x)}{k}}\mathrm{d}x$, x 是导致熵 S 改变的参量, 则由于熵 S 取极大值, 就应有

$$\left(\frac{\partial S}{\partial x}\right)_0=0$$

代入公式

$$S(x)=S(0)+\left(\frac{\partial S}{\partial x}\right)_0 x+\frac{1}{2}\left(\frac{\partial^2 S}{\partial x^2}\right)_0 x^2+\cdots$$

$$\left(\frac{\partial S}{\partial x}\right)_0=0,\quad \left(\frac{\partial^2 S}{\partial x^2}\right)_0\equiv-\alpha<0\quad(\alpha>0)$$

就有

$$S(x)\approx S(0)-\frac{\alpha}{2}x^2$$

所以

$$W(x)\,\mathrm{d}x=\text{恒量}\times\mathrm{e}^{\frac{S_0}{k}}\mathrm{e}^{-\frac{\alpha x^2}{2k}}\mathrm{d}x$$

即为高斯分布. 记 $A=\text{恒量}\times\mathrm{e}^{\frac{S_0}{k}}$, 则其归一化为

$$A=\left(\int_{-\infty}^{\infty}\mathrm{e}^{\frac{-\alpha x^2}{2k}}\mathrm{d}x\right)^{-1}=\sqrt{\frac{\alpha}{2\pi k}}$$

故

$$\bar{x^2}=\sqrt{\frac{\alpha}{2\pi k}}\int_{-\infty}^{\infty}x^2\mathrm{e}^{\frac{-\alpha x^2}{2k}}\mathrm{d}x=-\sqrt{\frac{2\alpha k}{\pi}}\frac{\mathrm{d}}{\mathrm{d}\alpha}\int_{-\infty}^{\infty}\mathrm{e}^{\frac{-\alpha x^2}{2k}}\mathrm{d}x=\frac{k}{\alpha}$$

于是

$$W(x)\,\mathrm{d}x=\frac{1}{\sqrt{2\pi\bar{x^2}}}\mathrm{e}^{\frac{-x^2}{2\bar{x}^2}}\mathrm{d}x$$

为高斯分布, 一种最典型的正态分布.

于是量子力学坐标表象的完备性就理解为正态分布的完备性

$$\int_{-\infty}^{\infty}\mathrm{d}x|x\rangle\langle x|=\frac{1}{\sqrt{\pi}}\int_{-\infty}^{\infty}\mathrm{d}x:\mathrm{e}^{-(x-\hat{x})^2}:=1$$

体现了量子力学的概率假定可对应经典数理统计.

量子力学混合态表象

类似地, 有确定动量值的 Delta 算符函数

$$\delta(p-\hat{P})=\frac{1}{\sqrt{\pi}}:\mathrm{e}^{-(p-\hat{P})^2}:$$

在此基础上我们可以构造算符函数

$$\frac{1}{\pi}:\mathrm{e}^{-(x-\hat{X})^2-(p-\hat{P})^2}:=\varDelta(x,p)$$

于是

$$\iint_{-\infty}^{\infty}\mathrm{d}x\mathrm{d}p\varDelta(x,p)=1$$

$\varDelta(x,p)$ 是一个混合态, 构成混合态表象, 它不能写成单个 $|\,\rangle\langle\,|$ 的形式. 积分

$$\int_{-\infty}^{\infty}\mathrm{d}x\varDelta(x,p)=|p\rangle\langle p|,\quad \int_{-\infty}^{\infty}\mathrm{d}p\varDelta(x,p)=|x\rangle\langle x|$$

表明它的边缘分布分别对应于在坐标空间和动量空间测量到粒子的概率, 而且任何一个算符可以用 $\varDelta(x,p)$ 展开

$$F(\hat{X},\hat{P})=\iint_{-\infty}^{\infty}\mathrm{d}x\mathrm{d}p\varDelta(x,p)f(x,p)$$

可以预见 $\Delta(x,p)$ 能够表达为在某种排序下的 Delta 函数形式, $f(x,p)$ 称为维格纳函数.

在新量子论中, 根据海森伯的不确定性原理, 人们不能同时精确地测量微观粒子的位置 x 和动量 p, 于是自然就会想到在 x-p 相空间中研究微观粒子的量子态及其运动（当然, 其确定的程度要小于最大可能的准确程度）, 这可以追溯到吉布斯所提出的系综理论. 在此理论框架中, 系统的时间演化由相空间中的某一轨道来描述. 早在 1930 年, 狄拉克就在他的《量子力学原理》一书中指出: “吉布斯提出的系综, 通常在实际上除了作为一个粗浅的近似外, 是不可能实现的, 但是, 即便如此, 它仍然形成一个有用的理论上的抽象.” 他又说: “由于在量子力学里不可能同时对 x 与 p 赋予数值, 相空间在量子力学中没有意义, 从这种事实出发, 相应的密度的存在确是相当令人惊异的.” 到了 1932 年, 维格纳引入了对应密度的准经典分布函数, 它的边缘分布分别对应于在坐标空间和动量空间测量到粒子的概率, 赋予了相空间以新的活力. 从此, 翻开了相空间量子力学的扉页. 经典物理中相空间是以质点的坐标 x 与动量 p 的坐标架张成的, 过渡到量子论中, 受海森伯的不确定性原理的限制, 人们不能同时精确地观测粒子的位置与动量, 即不能确定到一个相点, 而至多只能确定到一个面积为 $\dfrac{\hbar}{2}$ 的小圆, 它对应什么态呢? 在回答此问题前, 我们先聊聊光子的产生－湮灭机制.

从光子的产生-湮灭机制谈量子力学的必然

前面的内容既扼要回顾了量子力学的发展史, 又“掺和”了中国先贤之与量子系统观察有关的认知思想. 其实, 向学生速成地介绍量子力学的必然, 可以从“量子力学是阐述自然界光的产生-湮灭机制的一门学科”的主题开讲.

量子力学理论可以直接从光子的产生-湮灭的观点出发来阐述. 为什么这么讲呢?

从物理上看, 这符合爱因斯坦早在撰写光电效应的论著时就指出的: “用连续空间函数进行工作的光的波动理论, 在描述纯光学现象时, 曾显得非常合适, 或许完全没有用另一种理论来代替的必要, 但是必须看到, 一切光学观察都和时间平均值有关, 而不是和瞬时值有关. 尽管衍射、反射、折射、色散等理论完全为实验所证实, 但还是可以设想, 用连续空间函数进行工作的光的理论, 当应用于光的产生和转化等现象时, 会导致与经典相矛盾的结果……在我看来……有关光的产生和转化的现象所得到的各种观察, 如用光的能量在空间中不是连续分布的这种假说来说明, 似乎更容易理解.” 从此我们可以悟到, 阐述“光的产生和转化等现象”是超脱经典力学的. 或是说, 量子力学可以从光子的产生-湮灭机制谈起.

在 1917 年, 爱因斯坦说“我将用余生思考什么是光”. 时隔 34 年后, 他不无遗憾地说他自己这么多年来并没有接近"光量子是什么"这个问题的答案.

从数学上看, 如玻尔所说: "在量子力学形式体系中, 通常用来定义物理体系的状态的那些物理量, 被换成了一些符号性的算符, 这些算符服从着和普朗克衡量有关的非对易算法." 在自然界中, 产生-湮灭既是暂态过程, 又是永恒的. 暂者绵之永, 短者引之长, 故而生灭不息. "不生不灭"说, 不生不得言有, 不灭不得言无, 注意不是"不灭不生". 这表明生和灭是有次序的, 对于特指的个体, 终是生在前、灭在后. 我们人类的每一员也是如此, 先诞生, 后逝世 (这里排斥人的因果轮回说.) 这恰好可以用产生-湮灭算符的非对易性描述, 而且, 光的耗散和扩散过程也体现非对易性, 并可以导致新光场的出现.

从物理发展史看, 牛顿力学和拉格朗日-哈密顿的分析力学只是描写宏观物体的运动规律; 电磁学也没有描写光的产生-湮灭机制, 例如打雷时光的闪和灭的机制, 尽管把闪电归结到正负电荷之间的放电是电磁学的一大看点, 但只是浅尝辄止. 经典光学只讨论光在传播过程中的干涉、衍射和偏振. 麦克斯韦发展出光的电磁波理论, 把光认同是电磁场, 把光看作是由电磁波组成的, 把每一个波作为一个振子来处理, 这体现了光的波动说. 但它们都不涉及自然界中光的产生-湮灭 (例如光的吸收和辐射) 这一无时无刻不在发生的现象, 即没有讨论光的产生和湮灭机制. 直到 19 世纪 60 年代出现了激光, 量子光学时代来到了, 光的非经典性质渐渐显露.

普朗克首先指出太阳的光谱就是遵循量子论的, 太阳光作为有限的电磁能在一组电磁振子中的分布, 低频的多, 高频的少, 所以不在阳光下暴晒是晒不死人的.

爱因斯坦然后把光看作光子, 成功地解释了光电效应, 每个光子态对应于电磁场的一个振子. 接着, 狄拉克把电磁辐射当作作用于原子体系的外部微扰所引起原子能态的跃迁, 在跃迁时可以吸收或发射量子, 这从量子力学观点解释了爱因斯坦 1917 年关于光的受激辐射的动力学机制, 使得该理论更为充实了. (值得指出: 关于受激辐射的爱因斯坦系数涉及一种非常弱的效应, 起初在提出这种效应时根本没有什么希望观察到它, 但是后来人们找到了增强其效应的方法, 这开创了激光理论的先河.) 可见想要认知光的量子本性, 首先要有一个描述光子的产生和湮灭的表象. 就像我们看到电闪雷鸣是在浩瀚的天空中发生的那样, 阐述光的产生和湮灭也要有一个人们构想的理论"空间", 这就是光子数表象.

要直观地介绍光子数表象, 以谐振子的量子化 (量子的产生和湮灭机制) 为例来阐述是较容易被接受的. 这样做是因为考虑到: 从谐振子的经典振动本征模式容易过渡为量子能级.

经典力学中弦振动是一种典型的谐振子运动, 固定弦的两端称为波节, 当两端固定的弦的长度为 L 时, 则弦长必须是振荡波半波长的整数倍. 只有这样, 整个弦长正

好嵌入整数个半波长. 另外, 弦的振动有基频与泛频, 因此谐振子的量子化既能保持与经典情形类似的特性, 又符合德布罗意波的特征. 虽然经典光学中没有光产生和湮灭的理论, 但谐振子的振动可产生波, 若将此与德布罗意的波粒二象性参照, 光波的产生就对应产生光子(或牵强地说: 粒子伴随着一个波), 所以要使理论能描述量光子的产生和湮灭, 就得把谐振子各种本征振动模式比拟为一个"光子库". 鉴于经典谐振子有它的本征振动模式, 按整数标记, 所以量子谐振子也应有它的本征振动模式——光子态, 记为 $|n\rangle, n=0,1,2,3\cdots$, 代表量子谐振子的能级, 其集合就是光场的"量子库".

把 $|n\rangle$ 看作一个盛 n 元钱的口袋, $a^\dagger a$ 就表示"数"钱的操作(算符). 具体说, 对 $|n\rangle$ 以 a 作用, 表示从口袋里取出 1 元钱, $n\rightarrow n-1$, 再放回口袋去(此操作以 $a^\dagger$ 对 $|n-1\rangle$ 表示), 又变回到 n, 这相当于"数"钱的操作, 因为手里还是空的, 口袋里还是 n 元钱. 表明 $|n\rangle$ 是 $a^\dagger a$ 的本征态, 体现粒子性:

$$a^\dagger a\,|n\rangle = n\,|n\rangle$$

另一方面, 若在口袋里已经存在 1 元钱, 记为 $a^\dagger|0\rangle$, $|0\rangle$ 代表没有钱的状态, 用手取出, 即以湮灭算符作用之, 手里就有 1 元, $aa^\dagger$ 表示先产生, 后湮灭, 就可以理解 $\left[a,a^\dagger\right]=aa^\dagger-a^\dagger a=1$, 这个 1 代表这 1 元钱实际已在手里, 所以 $a^\dagger$ 是产生算符, a 是湮灭算符, 两者是不可交换的. 这就是量子力学的基本对易关系, 就是"不生不灭"说.

当口袋里没有钱(以 $|0\rangle$ 表示)时就无法再从中取钱, 所以

$$a\,|0\rangle = 0$$

$|0\rangle$ 被称为真空态.

根据"不生不灭"(注意不是"不灭不生")这个物理感觉, 笔者以为真空用算符 Delta 函数表示之

$$|0\rangle\langle 0| = \pi\delta(a)\,\delta\left(a^\dagger\right)$$

这里 $\delta\left(a^\dagger\right)$ 在右边先作用, $\delta(a)$ 排在 $\delta\left(a^\dagger\right)$ 左面, 表示先产生后湮灭(常说的"自生自灭"), 即是哪里有光子产生 [用 Delta 函数 $\delta\left(a^\dagger\right)$ 表示], 就在哪里湮灭它 [用 $\delta(a)$ 表示], 这符合真空的直观意思. 在以下的计算中要时刻注意算符的排序问题. 再用 Delta 函数的傅里叶变换式将上式写为积分

$$\pi\delta(a)\,\delta\left(a^\dagger\right) = \int\frac{\mathrm{d}^2\xi}{\pi}\mathrm{e}^{\mathrm{i}\xi a}\mathrm{e}^{\mathrm{i}\xi^* a^\dagger} = \vdots\int\frac{\mathrm{d}^2\xi}{\pi}\mathrm{e}^{\mathrm{i}\xi a}\mathrm{e}^{\mathrm{i}\xi^* a^\dagger}\vdots$$

在一个由 a 与 $a^\dagger$ 函数所组成的单项式中, 当所有的 a 都排在 $a^\dagger$ 的左边时, 则称其为已

被排好为反正规乘积了, 以 $\vdots\ \vdots$ 标记之. 相反, 当所有的 $a^\dagger$ 都排在 a 的左边时, 则称其为已被排好为正规乘积了, 以 :: 标记.

用公式

$$\mathrm{e}^{\mu a}\mathrm{e}^{\lambda a^\dagger}=\mathrm{e}^{\lambda a^\dagger}\mathrm{e}^{\mu a}\mathrm{e}^{\mu\lambda}=:\mathrm{e}^{\lambda a^\dagger}\mathrm{e}^{\mu a}:\mathrm{e}^{[\mu a,\lambda a^\dagger]}$$

可将 $\mathrm{e}^{i\xi^* a^\dagger}\mathrm{e}^{i\xi a}$ 重排为

$$|0\rangle\langle 0|=\int\frac{\mathrm{d}^2\xi}{\pi}:\mathrm{e}^{\mathrm{i}\xi^* a^\dagger+\mathrm{i}\xi a-|\xi|^2}:$$

对 $\mathrm{d}^2\xi$ 积分时, 在 : : 内部 a 与 $a^\dagger$ 是可交换的（这是正规乘积的一个重要性质, 见下面的进一步说明）, 可以被视为积分参量, 这用正规乘积排序算符内的积分方法积分上式得到

$$|0\rangle\langle 0|=:\mathrm{e}^{-a^\dagger a}:=\sum_{n=0}^{\infty}\frac{(-1)^n a^{\dagger n}a^n}{n!}$$

我们得到了 $|0\rangle\langle 0|$ 的正规排序算符形式. 如果有一个外星人, 他的视觉功能能把看到的算符自动排成是正规排序, 那么, 在地球人看来是真空态 $|0\rangle\langle 0|$, 在这个外星人看来, 就是 $:\mathrm{e}^{-a^\dagger a}:$. 利用它, 我们可以分解 1:

$$1=\sum_{n=0}^{\infty}\frac{1}{n!}:\left(a^\dagger a\right)^n\ \mathrm{e}^{-a^\dagger a}:=\sum_{n=0}^{\infty}\frac{a^{\dagger n}}{\sqrt{n!}}|0\rangle\langle 0|\frac{a^n}{\sqrt{n!}}\equiv\sum_{n=0}^{\infty}|n\rangle\langle n|$$

于是可以定义态

$$|n\rangle=\frac{a^{\dagger n}}{\sqrt{n!}}|0\rangle$$

可以解出

$$a|n\rangle=\sqrt{n}|n-1\rangle$$
$$a^\dagger|n\rangle=\sqrt{n+1}|n+1\rangle$$

又从 $a^\dagger a|n\rangle=n|n\rangle$ 知道 $|n\rangle$ 是量子谐振子的本征态, 其全体是完备的. 从 a 与 $a^\dagger$ 引入

$$\hat{X}=\sqrt{\frac{\hbar}{2m\omega}}\left(a^\dagger+a\right)$$

根据玻尔的观点, 物理学家关心的是对现实创造出新心像, 即隐喻, 我们可以说, 上式右边 $(a^\dagger+a)$ 表示粒子的存在, 存在着 “新陈代谢”, 是产生和湮灭共同起作用, 故 $\hat{X}$ 代表坐标算符. 另一方面, 把虚数 i 理解为在一个缥缈的 “虚空间”, 从 a 与 $a^\dagger$ 引入

$$\hat{P}=\mathrm{i}\sqrt{\frac{m\omega\hbar}{2}}\left(a^\dagger-a\right)$$

上式右边 $(a^\dagger - a)$ 可以理解为产生的作用扣除湮灭的影响, 粒子在 “虚空间” 中运动起来, 故而算符 P 理解为动量, 由 $\left[a, a^\dagger\right] = 1$ 给出

$$\left[\hat{X}, \hat{P}\right] = \mathrm{i}\hbar$$

这就是玻恩-海森伯对易关系. 所以我们可以从自然界光的生-灭机制来解读量子力学的必然, 小结如下:

(1) 光子产生-湮灭有序, $\left[a, a^\dagger\right] = 1$, 无序易, 有序难, 无序熵增, 引出 $\left[\hat{X}, \hat{P}\right] = \mathrm{i}\hbar$, 量子力学便是排序的科学, 似乎与马赫的观点类似.

(2) 真空态 (密度算符):

$$|0\rangle\langle 0| =: \mathrm{e}^{-a^\dagger a} := 0^{a^\dagger a} = (1-1)^N \quad (N = a^\dagger a)$$

(3) 测量位置得到的是有序排列 (正规排序) 的正态分布:

$$\delta(x - \hat{X}) = \frac{1}{\sqrt{\pi}} : \mathrm{e}^{-(x-\hat{X})^2} := |x\rangle\langle x|$$

由此给出 $|x\rangle$ 的具体形式.

量子谐振子的本征函数

前文我们讲了 $\delta(x)$ 用平面波展开, 体现了波粒二象性. 现在我们讨论 $\delta(x)$ 用谐振子的本征函数展开, 这是另一种形式的波粒二象性. 1900 年普朗克已经预言振子的能量是量子化的, 但直到 1925 年解振子的薛定谔方程-厄密方程, 才得到波函数解. 本节我们给出新解法.

我们用厄米特多项式的母函数式

$$\mathrm{e}^{2xt-t^2}=\sum_{m=0}^{\infty}\frac{t^m}{m!}H_m(x)$$

展开 $\delta(x-\hat{X})$ 的正规乘积形式

$$|x\rangle\langle x|=\delta(x-\hat{X})=\frac{1}{\sqrt{\pi}}\mathrm{e}^{-x^2}:\mathrm{e}^{2x\hat{X}-\hat{X}^2}:=\mathrm{e}^{-x^2}\sum_{m=0}^{\infty}:\frac{\hat{X}^m}{m!}:H_m(x)$$

记住在正规乘积内部玻色算符$a^\dagger$ 与 a 相互对易, 以及$a|0\rangle=0,\langle n|m\rangle=\delta_{nm}$, 从上式给出

$$\langle n|x\rangle\langle x|0\rangle=\frac{1}{\sqrt{\pi}}\mathrm{e}^{-x^2}\sum_{m=0}\frac{H_m(x)}{m!}\langle n|:\left(\frac{a+a^\dagger}{\sqrt{2}}\right)^m:|0\rangle$$

$$
\begin{aligned}
&= \frac{1}{\sqrt{\pi}} \mathrm{e}^{-x^2} \sum_{m=0} \frac{H_m(x)}{\sqrt{2^m m!}} \langle n | a^{\dagger m} |0\rangle \\
&= \frac{1}{\sqrt{\pi}} \mathrm{e}^{-x^2} \sum_{m=0} \frac{H_m(x)}{\sqrt{2^m m!}} \langle n | m\rangle \\
&= \frac{1}{\sqrt{\pi}} \mathrm{e}^{-x^2} \frac{H_n(x)}{\sqrt{2^n n!}}
\end{aligned}
$$

上式中, 当 $n=0$ 时, $H_0(x)=1$, 得到

$$
|\langle x| 0\rangle|^2 = \frac{1}{\sqrt{\pi}} \mathrm{e}^{-x^2}
$$

即真空态的波函数为

$$
\langle x| 0\rangle = \pi^{-1/4} \mathrm{e}^{-x^2/2}
$$

代回本节第三式, 可见

$$
\langle x| n\rangle = \mathrm{e}^{-x^2/2} \frac{H_n(x)}{\sqrt{\sqrt{\pi} 2^n n!}} = \langle n |x\rangle
$$

这就是坐标表象中粒子数态波函数–量子谐振子的本征函数.

由此把 $|x\rangle$ 改写为

$$
\begin{aligned}
|x\rangle &= \sum_{n=0}^{\infty} |n\rangle \langle n| x\rangle = \mathrm{e}^{-x^2/2} \sum_{n=0}^{\infty} |n\rangle \frac{H_n(x)}{\sqrt{\sqrt{\pi} 2^n n!}} \\
&= \frac{1}{\pi^{1/4}} \mathrm{e}^{-\frac{x^2}{2} + \sqrt{2} x a^{\dagger} - \frac{a^{\dagger 2}}{2}} |0\rangle
\end{aligned}
$$

这是 $|x\rangle$ 在 Fock 空间的表示. 我们有

$$
\begin{aligned}
\delta(x-\hat{X}) &= |x\rangle \langle x| \\
&= \frac{1}{\pi^{1/2}} \mathrm{e}^{-\frac{x^2}{2} + \sqrt{2} x a^{\dagger} - \frac{a^{\dagger 2}}{2}} |0\rangle \langle 0| \mathrm{e}^{-\frac{x^2}{2} + \sqrt{2} x a - \frac{a^2}{2}}
\end{aligned}
$$

另一方面, 根据 $|x\rangle \langle x| = \frac{1}{\sqrt{\pi}} : \mathrm{e}^{-(x-\hat{X})^2} :$, 我们有

$$
|x\rangle \langle x| = \frac{1}{\pi^{1/2}} : \mathrm{e}^{-\frac{x^2}{2} + \sqrt{2} x a^{\dagger} - \frac{a^{\dagger 2}}{2} - \mathrm{e}^{-a^{\dagger} a}} \mathrm{e}^{-\frac{x^2}{2} + \sqrt{2} x a - \frac{a^2}{2}} :
$$

比较这两式再一次验证了真空投影算符 $|0\rangle \langle 0| =: \mathrm{e}^{-a^{\dagger} a} :$.

以上新推导表明狄拉克符号法有自我发展成为一门数学的潜能, 即它可以有自己的积分方法——IWOP 方法. 例如, 将 $H_n(x)$ 中的 x 换成坐标算符 $\hat{X}$, 则

$$
H_n\left(\hat{X}\right) = \int_{-\infty}^{\infty} H_n(x) |x\rangle \langle x| \mathrm{d}x = \frac{1}{\sqrt{\pi}} \int_{-\infty}^{\infty} H_n(x) : \mathrm{e}^{-(x-\hat{X})^2} : \mathrm{d}x
$$

$$= 2^n : \hat{X}^n :$$

这说明, 从地球人来看是厄密多项式算符, 在某外星人来看则是正规排序的幂级数算符.

在此基础上, 范洪义和楼森岳用 IWOP 方法发展了一整套新的厄密多项式母函数理论和广义牛顿二项式定理.

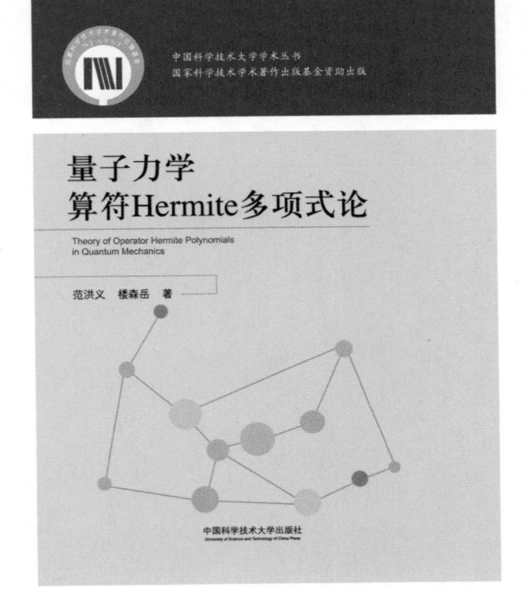

范洪义和楼森岳的著作

相干态的引入

从 $|0\rangle\langle 0| =: \mathrm{e}^{-a^\dagger a}:$ 还可以给出

$$
\begin{aligned}
1 &=: \mathrm{e}^{a^\dagger a - a^\dagger a}: \\
&= \int \frac{\mathrm{d}^2 z}{\pi} : \mathrm{e}^{-|z|^2 + z a^\dagger + z^* a} \mathrm{e}^{-a^\dagger a}: \\
&= \int \frac{\mathrm{d}^2 z}{\pi} : \mathrm{e}^{-|z|^2/2 + z a^\dagger} |0\rangle\langle 0| \mathrm{e}^{-|z|^2/2 + z^* a}:
\end{aligned}
$$

表明在对 $\mathrm{d}^2 z$ 积分时, 在 : : 内部 a 与 $a^\dagger$ 可以被视为积分参量, 这就是正规乘积排序算符内的积分技术. 令

$$D(z) = \mathrm{e}^{z a^\dagger - z^* a}$$

是平移算符. 可见

$$\int \frac{\mathrm{d}^2 z}{\pi} |z\rangle\langle z| = 1, \quad |z\rangle = \mathrm{e}^{-|z|^2/2 + z a^\dagger}|0\rangle = D(z)|0\rangle$$

$|z\rangle$ 称为相干态, 对应激光. 又有

$$a|z\rangle = \left[a, \mathrm{e}^{-|z|^2/2 + z a^\dagger}\right]|0\rangle = z|z\rangle$$

此式说明对于 $|z\rangle$ 消灭一个粒子, 其形式不变, 这是因为 $|z\rangle$ 是由大量的 $|n\rangle$ 粒子态叠加而成的态. 由于

$$|\langle n\,|z\rangle|^2 = \mathrm{e}^{-|z|^2}\frac{|z|^{2n}}{n!}$$

说明在相干态中出现 n 个光子的概率是泊松分布. 实验发现, 激光在激发度高的情形下, 其光子统计趋近于泊松分布, 因此相干态是描述激光的量子态. 由 $\langle z|\,N\,|z\rangle = |z|^2, \langle z|\,N^2\,|z\rangle = |z|^2 + |z|^4$, 可见

$$\Delta N = \sqrt{\langle N^2\rangle - \langle N\rangle^2} = |z|, \quad \frac{\Delta N}{\langle N\rangle} = \frac{1}{|z|}$$

表明当平均光子数多 ($|z|$大) 时, 光子数的起伏变小, 接近经典光场.

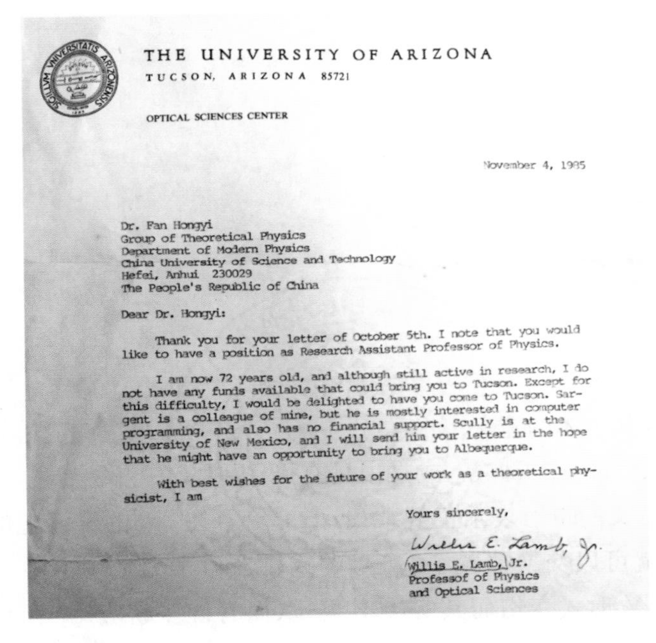

THE UNIVERSITY OF ARIZONA
TUCSON, ARIZONA 85721

OPTICAL SCIENCES CENTER

November 4, 1985

Dr. Fan Hongyi
Group of Theoretical Physics
Department of Modern Physics
China University of Science and Technology
Hefei, Anhui 230029
The People's Republic of China

Dear Dr. Hongyi:

Thank you for your letter of October 5th. I note that you would like to have a position as Research Assistant Professor of Physics.

I am now 72 years old, and although still active in research, I do not have any funds available that could bring you to Tucson. Except for this difficulty, I would be delighted to have you come to Tucson. Sargent is a colleague of mine, but he is mostly interested in computer programming, and also has no financial support. Scully is at the University of New Mexico, and I will send him your letter in the hope that he might have an opportunity to bring you to Albequerque.

With best wishes for the future of your work as a theoretical physicist, I am

Yours sincerely,

Willis E. Lamb, Jr.
Willis E. Lamb, Jr.
Professof of Physics
and Optical Sciences

1955年诺贝尔物理学奖得主兰姆给笔者的信
（威利斯·兰姆，量子光学和量子电动力学领域的奠基人）

真空场$|0\rangle\langle 0|$的Weyl-排序形式

有的数学符号有其个体的意义, 如 $\delta(x)$, 电场 E, 磁场 B; 也有的符号只是在帮助别的符号时才有意义, 如 tr, det 等, 或是说具有操作别的符号的意义. 另有一些符号则只具有标志性的意义, 如: : 表示正规乘积, 它是"罩在"别的算符上的"外衣", 在其内部的玻色算符就可以交换位置了, 符号的重排在量子力学理论中常起微妙的作用, 可以使得算符函数形式变幻而其实质不变, 从而有许多新应用, 如真空投影算符 $|0\rangle\langle 0| =: \mathrm{e}^{-a^\dagger a}:$, 它在建立新表象时作用独到. 笔者曾创造了 Weyl-排序的新符号, 使得维格纳算符在"披上这个符号的外衣"后表现为 Delta 函数形式, 能发展量子相空间理论, 能将经典 Tomography (体层摄影, 利用二维的 X 射线和超声波扫描清楚显示物体的三维内部结构) 原理推广到量子理论.

用 $\mathrm{e}^{\lambda a^\dagger}\mathrm{e}^{\mu a} = \mathrm{e}^{\lambda a^\dagger + \mu a}\mathrm{e}^{-\frac{1}{2}\mu\lambda}$ 改写

$$|0\rangle\langle 0| = \int \frac{\mathrm{d}^2\xi}{\pi}\mathrm{e}^{\mathrm{i}\xi^* a^\dagger}\mathrm{e}^{\mathrm{i}\xi a - |\xi|^2} = \int \frac{d^2\xi}{\pi}\mathrm{e}^{\mathrm{i}\xi^* a^\dagger + \mathrm{i}\xi a - |\xi|^2/2}$$

称经典函数 $\mathrm{e}^{\mathrm{i}\xi^*\alpha^* + \mathrm{i}\xi\alpha}$ 量子化为算符 $\mathrm{e}^{\mathrm{i}\xi^* a^\dagger + \mathrm{i}\xi a}$ 为 Weyl-对应, 记符号 $\vdots\ \vdots$ 为 Weyl-排

序, 它不同于正规排序 $\mathrm{e}^{\mathrm{i}\xi^* a^\dagger}\mathrm{e}^{\mathrm{i}\xi a}$, 也不同于反正规排序 $\mathrm{e}^{\mathrm{i}\xi a}\mathrm{e}^{\mathrm{i}\xi^* a^\dagger}$, 有

$$\mathrm{e}^{\mathrm{i}\xi^* a^\dagger+i\xi a} = \vdots\, \mathrm{e}^{\mathrm{i}\xi^* a^\dagger+i\xi a}\, \vdots$$

在 $\vdots\ \vdots$ 内部 a 与 $a^\dagger$ 是可交换的, 所以

$$\vdots\, \mathrm{e}^{\mathrm{i}\xi^* a^\dagger+\mathrm{i}\xi a}\, \vdots = 2\int \mathrm{d}^2\alpha \mathrm{e}^{\mathrm{i}\xi^*\alpha^*+\mathrm{i}\xi\alpha}\frac{1}{2}\,\vdots\, \delta\left(a^\dagger-\alpha^*\right)\delta\left(a-\alpha\right)\vdots$$

我们称积分核为维络纳算符

$$\frac{1}{2}\,\vdots\, \delta\left(a^\dagger-\alpha^*\right)\delta\left(a-\alpha\right)\vdots = \Delta(\alpha)$$

或

$$\Delta(x,p) = \vdots\, \delta\left(x-\hat{X}\right)\delta\left(p-\hat{P}\right)\vdots$$

这里已经简写

$$\hat{X} = \frac{a+a^\dagger}{\sqrt{2}},\quad \hat{P} = \frac{a-a^\dagger}{\sqrt{2}\mathrm{i}}$$
$$\alpha = \frac{x+\mathrm{i}p}{\sqrt{2}},\quad \alpha^* = \frac{x-\mathrm{i}p}{\sqrt{2}}$$

将 $\Delta(\alpha)$ 用傅里叶变换化为正规乘积形式

$$\begin{aligned}\Delta(\alpha) &= \int \frac{\mathrm{d}^2\xi}{2\pi^2}\,\vdots\, \mathrm{e}^{\mathrm{i}\xi^*\left(a^\dagger-\alpha^*\right)+\mathrm{i}\xi(a-\alpha)}\,\vdots \\ &= \int \frac{\mathrm{d}^2\xi}{2\pi^2}\mathrm{e}^{\mathrm{i}\xi^*\left(a^\dagger-\alpha^*\right)+\mathrm{i}\xi(a-\alpha)} \\ &= \int \frac{\mathrm{d}^2\xi}{2\pi^2} : \mathrm{e}^{\mathrm{i}\xi^*\left(a^\dagger-\alpha^*\right)}\mathrm{e}^{\mathrm{i}\xi(a-\alpha)}\mathrm{e}^{-\frac{1}{2}|\xi|^2} : \\ &= \frac{1}{\pi} : \exp\left[-2\left(a^\dagger-\alpha^*\right)(a-\alpha)\right] : \\ &= \frac{1}{\pi} : \mathrm{e}^{-(x-X)^2-(p-P)^2} :\end{aligned}$$

把 $|0\rangle\langle 0|$ 写成 Weyl-排序式

$$|0\rangle\langle 0| = \int \frac{\mathrm{d}^2\xi}{\pi}\,\vdots\, \mathrm{e}^{\mathrm{i}\xi^* a^\dagger+\mathrm{i}\xi a}\,\vdots\, \mathrm{e}^{-|\xi|^2/2} = 2\,\vdots\, \mathrm{e}^{-2a^\dagger a}\,\vdots$$

可以证明 Weyl-排序在相似变换下有保序不变性.

Weyl-排序跟 $\hat{X}$-$\hat{P}$排序、$\hat{P}$-$\hat{X}$排序的相互转换——几何图形变幻

我们还发现 $\Delta(x,p)$ 与 $\delta\left(p-\hat{P}\right)\delta\left(x-\hat{X}\right)$ 存在如下的变换关系:

$$\Delta(x,p)=\frac{1}{\pi}\iint_{-\infty}^{\infty}\mathrm{e}^{2\mathrm{i}\left(p'-p\right)\left(x'-x\right)}\delta\left(p'-P\right)\delta\left(x'-X\right)\mathrm{d}x'\mathrm{d}p' \tag{1}$$

可以证明上式的反变换是

$$\delta\left(p-\hat{P}\right)\delta\left(x-\hat{X}\right)=\frac{1}{\pi}\iint_{-\infty}^{\infty}\mathrm{e}^{-2\mathrm{i}\left(p'-p\right)\left(x'-x\right)}\Delta\left(x',p'\right)\mathrm{d}x'\mathrm{d}p' \tag{2}$$

对于算符的 Weyl-排序跟 $\hat{X}$-$\hat{P}$ 排序、 $\hat{P}$-$\hat{X}$ 排序的相互转换十分有用. 而且, 这里的积分核 $\mathrm{e}^{2\mathrm{i}\left(p'-p\right)\left(x'-x\right)}$ 预示了一个新的数学变换

$$G(p,x)\equiv\frac{1}{\pi}\iint_{-\infty}^{\infty}\mathrm{d}x'\mathrm{d}p'h\left(p',x'\right)\mathrm{e}^{2\mathrm{i}\left(p'-p\right)\left(x'-x\right)} \tag{3}$$

其逆变换是

$$\iint_{-\infty}^{\infty}\frac{\mathrm{d}x\mathrm{d}p}{\pi}\mathrm{e}^{-2\mathrm{i}\left(p'-p\right)\left(x'-x\right)}G(p,x)=h\left(p',x'\right) \tag{4}$$

它们是保迹的

$$\iint_{-\infty}^{\infty}\frac{\mathrm{d}x\mathrm{d}p}{\pi}|h(p,x)|^2=\iint_{-\infty}^{\infty}\frac{\mathrm{d}x'\mathrm{d}p'}{\pi}\left|G\left(p',x'\right)\right|^2 \tag{5}$$

从而可以用来设计新的光学变换.

经典函数量子化为算符有几种常用的方案, 如 Weyl-排序、 $\hat{X}$-$\hat{P}$ 排序和 $\hat{P}$-$\hat{X}$ 排序. 取什么排序合适最终由实验确定. 但在理论上, 不同的排序也体现在映射的量子化算符所对应的维络纳函数的几何图形变幻. 例如, 在经典相空间中的一条射线, 以 Weyl-排序量子化, 它对应的维络纳函数还是射线; 但如用 $\hat{X}$-$\hat{P}$ 排序量子化形成的算符, 其所对应的维络纳函数就是高斯型函数了.

值得指出的是, 变换式 (3) 是一种纠缠傅立叶变换, 因为其变换核中的 x' 与 p' 是纠缠在一起的. 从式 (3) 又可得 Weyl-排序跟 $\hat{X}$-$\hat{P}$ 排序、 $\hat{P}$-$\hat{X}$ 排序的相互转换, 即

$$\frac{1}{\pi} \vdots\, e^{-2i(x-\hat{X})(p-\hat{P})} \,\vdots = \delta(p-\hat{P})\delta(x-\hat{X})$$

和

$$\frac{1}{\pi} \vdots\, e^{2i(x-\hat{X})(p-\hat{P})} \,\vdots = \delta(x-\hat{X})\delta(p-\hat{P})$$

这些都说明有序算符内积分方法是算符函数重排的捷径.

从量子力学到量子光学

发明了有序算符内积分方法, 我们就可以直接从量子力学的经典变换过渡到量子光学的幺正变换, 找出相应的幺正算符. 例如, 经典光学 (傅里叶光学) 的一个重要组成部分是菲涅尔衍射及关于衍射的柯林斯变换公式. 入射光线带的信息 [由 $f(x)$ 表示], 经参量为 $\begin{pmatrix} A & B \\ C & D \end{pmatrix}$ 的光学仪器近轴传播后, $AD-BC=1$, 出射光信息变为

$$g(x')=\frac{1}{\sqrt{2\pi \mathrm{i}B}}\int_{-\infty}^{\infty}\mathrm{d}x\exp\left[\frac{\mathrm{i}}{2B}\left(Ax^2-2x'x+Dx'^2\right)\right]f(x)$$

对此经典菲涅尔衍射, 我们可以寻求菲涅尔算符, 让

$$s=\frac{1}{2}[A+D-\mathrm{i}(B-C)]$$
$$r=-\frac{1}{2}[A-D+\mathrm{i}(B+C)]$$

用相干态表象构建不对称的 ket-bra 算符

$$F(r,s)=\sqrt{s}\int\frac{\mathrm{d}^2z}{\pi}\left|s^*z-rz^*\right\rangle\langle z|$$

这里 $|z\rangle = \exp\left(-\frac{1}{2}|z|^2 + za^\dagger\right)|0\rangle$, $a^\dagger$ 是产生算符, (s,r) 是复数. 从上式可见算符 $F(r,s)$ 是通过相干态在相空间的一个代表点 z 运动到另一点 $s^*z - rz^*$ 而导出的. 根据相空间的直观分析, 一个相干态对应于图形上面积为 $\frac{\hbar}{2}$ 的小圆, 量子傅里叶变换表明相空间的一个小圆移动到另一个小圆. 这里 $|s|^2 - |r|^2 = 1$, 保证了该变换是辛变换, 也就保证了两个菲涅尔算符的乘积仍是一个菲涅尔算符, 这是对量子刘维定理的新理解（注意相空间中的经典刘维定理: 体系在运动中相体积保持不变）. 利用有序算符内积分方法, 我们发现柯林斯公式的积分核恰好是傅里叶算符 $F(r,s)$ 在坐标表象中的矩阵元

$$\langle x'|F(r,s)|x\rangle = \frac{1}{\sqrt{2\pi \mathrm{i} B}}\exp\left[\frac{\mathrm{i}}{2B}\left(Ax^2 - 2x'x + Dx'^2\right)\right]$$

进一步还发现维格纳算符的拉东变换恰好导致量子层析成像理论

$$F|x\rangle\langle x|F^\dagger = \iint_{-\infty}^{\infty}\mathrm{d}x'\mathrm{d}p'\delta\left[x - (Dx' - Bp')\right]\Delta(x',p')$$

这发展了相空间量子力学.

用有序算符内积分方法我们还可以导出:

（1）多模压缩混沌光场的热辐射能量分布公式.

（2）量子光学意义下的 ABCD 定理.

（3）光子计数的新公式.

（4）描述量子扩散机制的密度矩阵主方程的无限和形式之解.

用算符排序新论来研究光扩散过程和耗散可以发现新的量子光场, 而此方法之所以有效, 是因为有序的排列使得光场的熵取极小, 增加了形成新光场的机会. 理论上的适当的算符排列, 使之有序化, 就显现了可以用特殊函数表达的新光场的密度算符. 也就是说, 不将其有序化, 则不能见其真面目.

单模dilation变换和压缩算符

狄拉克说“变换论是我的至爱”[The transform theory (became) my darling]. 经典坐标量的标度变换（dilation 变换） $x \to \dfrac{x}{\mu}$, 相应的算符是什么呢?

用 $|0\rangle\langle 0| =: \mathrm{e}^{-a^\dagger a}:$ 和在坐标表象中用 IWOP 方法积分得到

$$\begin{aligned}\int_{-\infty}^{\infty}\frac{\mathrm{d}x}{\sqrt{\mu}}|\frac{x}{\mu}\rangle\langle x| &= \int_{-\infty}^{\infty}\frac{\mathrm{d}x}{\sqrt{\pi\mu}}\mathrm{e}^{-\frac{x^2}{2\mu^2}+\sqrt{2}\frac{x}{\mu}a^\dagger-\frac{a^{\dagger 2}}{2}}|0\rangle\langle 0|\mathrm{e}^{-\frac{x^2}{2}+\sqrt{2}xa-\frac{a^2}{2}}\\ &= \int_{-\infty}^{\infty}\frac{\mathrm{d}x}{\sqrt{\pi\mu}}:\mathrm{e}^{-\frac{x^2}{2}(1+\frac{1}{\mu^2})+\sqrt{2}x(\frac{a^\dagger}{\mu}+a)-\frac{1}{2}(a+a^\dagger)^2}:\end{aligned}$$

取 $\mu = \mathrm{e}^\lambda$, 上式变为

$$\begin{aligned}\int_{-\infty}^{\infty}\frac{\mathrm{d}x}{\sqrt{\mu}}|\frac{x}{\mu}\rangle\langle x| &= \sqrt{\frac{2\mu}{1+\mu^2}}:\exp\left\{\frac{\left(\frac{a^\dagger}{\mu}+a\right)^2}{1+\frac{1}{\mu^2}}-\frac{1}{2}\left(a+a^\dagger\right)^2\right\}:\\ &= (\mathrm{sech}\lambda)^{1/2}\mathrm{e}^{-\frac{a^{\dagger 2}2}{2}\tanh\lambda}:\mathrm{e}^{(\mathrm{sech}\lambda-1)a^\dagger a}:\mathrm{e}^{\frac{a^2}{2}\tanh\lambda}\\ &= \mathrm{e}^{-\frac{a^{\dagger 2}}{2}\tanh\lambda}\mathrm{e}^{(a^\dagger a+\frac{1}{2})\ln\mathrm{sech}\lambda}\mathrm{e}^{\frac{a^2}{2}\tanh\lambda} \equiv S_1\end{aligned}$$

这恰是单模压缩算符, 它导致变换

$$S_1 a S_1^{-1} = a\cosh\lambda + a^\dagger \sinh\lambda$$

而

$$S_1 |0\rangle = (\text{sech}\lambda)^{1/2} \mathrm{e}^{-\frac{a^\dagger}{2}\tanh\lambda} |0\rangle$$

是一个单模压缩态. 压缩光场在量子通信和量子检测中有广泛的应用, 因为处于压缩态时场的一个正交分量的量子噪声可以低于相干态的噪声. S_1 中所含的三个算符满足封闭李代数

$$\left[\frac{a^\dagger}{2}, \frac{a^2}{2}\right] = a^\dagger a + \frac{1}{2}$$
$$\left[\frac{a^2}{2}, a^\dagger a + \frac{1}{2}\right] = \frac{a^2}{2}$$
$$\left[\frac{a^{\dagger 2}}{2}, a^\dagger a + \frac{1}{2}\right] = -\frac{a^{\dagger 2}}{2}$$

值得指出的是, 在量子力学问世不久, 匈牙利物理学家维格纳就设法用群论来研究变换理论, 后来的追随者把群论用于固体物理和粒子物理. 现在李群和李代数表示论已经成为数学物理中的一部分重要内容. 我们这里只用了 IWOP 方法积分就自然得到了这些以往只有在群表示论中才出现的东西. 也许可以说, 如果不知道有序算符内积分方法, 并做一些相关的运算, 那么就像一个游客买了景区的门票, 少看了一些景点, 抑或是“宫墙数仞, 不得其门终外望”.

有序算符内积分方法揭开了发展量子力学表象与变换理论的新的一页, 也实现了由表征与符号向所谓“纯结构”的转变. 有序算符内积分方法的“魅力”还在于: 它自身有逐步展开的能耐, 起初只是为求解特定问题而想出来的方法会有不少意想不到的新用途和新结果. 这也应了爱因斯坦的一句话: “一切理论的最高目标是让这些不可通约的基本原理尽可能地简单, 同时又不放弃任何凡是有经验内容的充分表示.”

有序算符内积分方法使得符号法得以完善, 终究成为量子力学的语言而不朽. 难怪狄拉克在晚年时说: “符号法是我的至爱, 拿什么来换都不换.”

清代学者方东树在《昭昧詹言》一书中指出: “学一家而能寻求其未尽之美, 引而胜之, 方是自成一家, 不随人作计. 古之作者, 未有不如此而能立门户者也.” 笔者的自立门户的科研工作能尽狄拉克符号法之未尽之美, 担得起在量子力学的教科书增添新的章节的责任, 是中国人对量子力学基础理论的难能可贵的贡献.

范洪义发明了有序 [包括正规乘积、反正规乘积和 Weyl-排序兹（或对称编序）] 算符（玻色型和费米型）内的积分技术, 达到了将牛顿-莱布尼茨积分理论可直接用

于 ket-bra 算符积分的目的. 让 IWOP 的数学形式引导我们做以上所提的多种研究是我们的思路. 正如爱因斯坦在 1933 年说: “创造性原理存在于数学之中.” 在 1946 年写的《自述》一文中, 爱因斯坦又写道: “……通向更深入基础知识的道路同时是同最隐秘的数学方法联系着的. 只是在几年独立的科学研究工作之后, 我才逐渐明白了这一点.”

这就是为什么理论物理学家温伯格认为科学发现的方法通常包括从经验水平到前提的或逻辑上的不连续性的飞跃, 对于某些科学家来说（如爱因斯坦和狄拉克）, 数学形式主义的美学魅力常常提示着这种飞跃的方向.

具体来说, 用有序算符内积分方法发展了变换理论, 提出了不少新变换, 如分数压缩变换, 纠缠小波变换, 分数 Hankel 变换等.

两体连续纠缠态表象的建立与双模压缩态

1935 年爱因斯坦、波多尔斯基和罗森等三人（称为“EPR”）发表的题为“能认为量子力学对物理实在的描述是完备的吗?”论文中说到一句话:“在一种完备的理论中,对于每一个实在的元素都该有一个对应的元素. 使一个物理量成为实在的, 它的充要条件是: 要是体系不受干扰, 就有可能对它做出确定的预测.”

例如, 一个粒子由于其内力作用而分裂成两个粒子背向运动, 经过足够长时间, 相距已经遥远. 按常理, 对粒子 1 做精确测量, 粒子 2 也不知被测量的物理量是哪一个, 对粒子 1 测量根本不会影响到粒子 2. 然而, 悖论来了: 两个粒子的相对坐标算符 $X_1 - X_2$ 和其总动量 $P_1 + P_2$ 算符是可交换的, 是可以被同时精确地测量的, 按照量子力学的基本常识, 会存在两种粒子态, 只要测量了粒子 1 的位置 X_1 就可推出粒子 2 的位置 X_2. 那么, 根据海森伯不确定原理, 粒子 2 的动量 P_2 的不确定性就会增加. 同样, 知道了粒子 1 的精确动量 P_1 就可推出粒子 2 的动量 P_2, 于是粒子 2 的坐标 X_2 的不确定性就会增加. 所有这些变化都是瞬时发生, 比光的传播信号还快. 这称为量子纠缠（quantum entanglement）. 用南唐李煜的词句“剪不断, 理还乱”来描述量子纠缠是挺形象的.

又譬如, 将自旋的两个状态分别记为 ↑ 和 ↓, 有两个电子 a 和 b, 它们被置于某种环

境下发生相互作用而进入最低能量的状态, 表示为

$$\frac{1}{\sqrt{2}}\left[a(\uparrow)b(\downarrow)-a(\downarrow)b(\uparrow)\right]$$

称为单态. 然后将这两个电子分开到足够大的距离, 以至于不会发生相互作用. 现在测量电子 a 的自旋方向, 如发现它处于 $\uparrow$, 那么电子 b 必然处于 $\downarrow$; 即没有用任何方式干扰电子 b 而预测到了电子 b 的自旋定量值.

"EPR" 的文章引起薛定谔的共鸣, 他构思了一个颇具讽刺意味的假想实验, 一只猫的死活由微观放射性原子是否衰变而激起毒气是否释放而决定. 于是, "最初限定在原子领域的不确定性, 转变为可通过直接观察解决的宏观不确定性——这种情况是十分典型的. 这防止了我们幼稚地把 '模糊模型' 看作事实图像……一张摇晃的或对焦不准确的照片与一张云和雾峰的照片之间是有区分的".

"纠缠" 这个词使人联想起中国古代曾子啮指痛心的故事. 一次, 曾参进山砍柴去了, 突然家里来了客人, 他母亲不知所措, 就站在门口望着大山希望曾子回来, 许久不见归来就用牙咬自己的手指. 正在山里砍柴的曾参忽然觉得心口疼痛, 便赶紧背着柴返回家中, 跪问母亲为什么召唤他. 母亲说: "家里突然来了不速之客, 我咬手指是提醒你快回来." 尽管咬得很轻, 但是曾子还是感受到了, 便放下手里的工具回家了. 难道曾子和他母亲的意识之间是纠缠着的吗? 余未知也. 有诗为证:

陈规休墨守, 常识亦病诟.
兔死狐伤悲, 庄谐鱼乐游.
曾子遥感母, 李煜剪理愁.
月上柳梢颤, 缘起人眼瞅.

量子纠缠是量子力学特有的概念, 反映了量子两体或多体系统各部分之间的相关 (correlation) 与不可分离性 (nonseparability). 纠缠态是不能表示成直积形式的量子态, 对处于相互纠缠状态的两个子系统之一进行测量, 就可以使另一个立刻坍缩到某特定的状态, 而这一过程不受光速的限制. 而物理实在 (可观测量) 算符的本征矢量集的完备性是做出有确定预测值的理论保障, 这启发了人们去建立两粒子态的连续变量纠缠态表象.

利用 IWOP 方法, 范洪义找到了构造连续纠缠态表象的简捷方法.

考虑到两个粒子的相对坐标算符 $\hat{X}_1-\hat{X}_2$ 和其总动量 $\hat{P}_1+\hat{P}_2$ 算符有共同的本征态, 本征方程应该是

$$\left(\hat{X}_1-\hat{X}_2\right)|\eta\rangle=\sqrt{2}\eta_1|\eta\rangle,\quad\left(\hat{P}_1+\hat{P}_2\right)|\eta\rangle=\sqrt{2}\eta_2|\eta\rangle$$

这里

$$\hat{X}_i = \frac{a_i + a_i^\dagger}{\sqrt{2}}, \quad \hat{P}_i = \frac{\mathrm{i}\left(a_i^\dagger - a_i\right)}{\sqrt{2}}$$

$\left[a_i, a_j^\dagger\right] = \delta_{ij}$. 仿照坐标表象的正态分布形式

$$\int_{-\infty}^{\infty} \mathrm{d}x \left|x\right\rangle \left\langle x\right| = \frac{1}{\sqrt{\pi}} \int_{-\infty}^{\infty} \mathrm{d}x : \mathrm{e}^{-(x-X)^2} := 1$$

我们构建积分

$$\int \frac{\mathrm{d}^2\eta}{\pi} : \exp\left[-\left(\eta_1 - \frac{\hat{X}_1 - \hat{X}_2}{\sqrt{2}}\right)^2 - \left(\eta_2 - \frac{\hat{P}_1 + \hat{P}_2}{\sqrt{2}}\right)^2\right] := 1$$

用

$$\left|00\right\rangle \left\langle 00\right| =: \mathrm{e}^{-a_1^\dagger a_1 - a_2^\dagger a_2} :$$

将此积分改写为

$$\int \frac{\mathrm{d}^2\eta}{\pi} \left|\eta\right\rangle \left\langle \eta\right| = 1$$

其中

$$\left|\eta\right\rangle = \exp\left(-\frac{|\eta|^2}{2} + \eta a_1^\dagger - \eta^* a_2^\dagger + a_1^\dagger a_2^\dagger\right)\left|00\right\rangle, \quad \eta = \eta_1 + \mathrm{i}\eta_2$$

$\left|\eta\right\rangle$ 就是在 Fock 空间中两模纠缠态的表示, 组成正交完备集合

$$\left\langle \eta' \right| \left. \eta \right\rangle = \pi\delta\left(\eta' - \eta\right)\delta\left(\eta'^* - \eta^*\right)$$

当压缩 $\eta \to \eta/\mu$ 后, 就映射出双模压缩变换算符 S_2, 我们构建

$$S_2 \equiv \int \frac{\mathrm{d}^2\eta}{\pi\mu} \left|\eta/\mu\right\rangle \left\langle \eta\right|$$

并用 IWOP 方法积分之得到

$$\begin{aligned} S_2 &= \int \frac{\mathrm{d}^2\eta}{\pi\mu} : \exp\left\{-\frac{|\eta|^2}{2}\left(1 + \frac{1}{\mu^2}\right) + \eta\left(\frac{a_1^\dagger}{\mu} - a_2\right) + \eta^*\left(a_1 - \frac{a_2^\dagger}{\mu}\right)\right. \\ &\quad \left. + a_1^\dagger a_2^\dagger + a_1 a_2 - a_1^\dagger a_1 - a_2^\dagger a_2\right\} : \\ &= \frac{2\mu}{1+\mu^2} : \exp\left\{\frac{\mu^2}{1+\mu^2}\left(\frac{a_1^\dagger}{\mu} - a_2\right)\left(a_1 - \frac{a_2^\dagger}{\mu}\right) - \left(a_1 - a_2^\dagger\right)\left(a_1^\dagger - a_2\right)\right\} : \\ &= \mathrm{e}^{a_1^\dagger a_2^\dagger \tanh\lambda} \mathrm{e}^{(a_1^\dagger a_1 + a_2^\dagger a_2 + 1)\ln \operatorname{sech}\lambda} \mathrm{e}^{-a_1 a_2 \tanh\lambda} \qquad (\mu = \mathrm{e}^\lambda) \end{aligned}$$

这恰是双模压缩算符. 没有人会怀疑上述的推导, 因为结果很优美. 如狄拉克所说, 优美的方程甚至不需要操心其物理意义. 相应的李代数是

$$\left[a_1 a_2, a_1^\dagger a_2^\dagger\right] = a_1^\dagger a_1 + a_2^\dagger a_2 + 1$$
$$\left[a_1 a_2, a_1^\dagger a_1 + a_2^\dagger a_2 + 1\right] = a_1 a_2$$
$$\left[a_1^\dagger a_2^\dagger, a_1^\dagger a_1 + a_2^\dagger a_2 + 1\right] = -a_1^\dagger a_2^\dagger$$

双模压缩态是

$$S_2 |00\rangle = \mathrm{sech}\lambda \mathrm{e}^{a_1^\dagger a_2^\dagger \tanh\lambda} |00\rangle$$

这说明双模压缩与纠缠共存. 双模压缩光场的应用则更广, 因为它本身又是一个纠缠态. 实验表明, 从参量下转换放大器输出的信号模和闲置模既合成一个双模压缩态, 又纠缠在一起. $|\eta\rangle$ 的纠缠性可以从其分解为分别处在两个模上的坐标本征态看出

$$|\eta\rangle = \mathrm{e}^{-\mathrm{i}\eta_1\eta_2} \int_{-\infty}^{\infty} \mathrm{d}x\, |x\rangle_1 \otimes \left|x_1 - \sqrt{2}\eta_1\right\rangle_2 \mathrm{e}^{\mathrm{i}\sqrt{2}\eta_2 x}$$

说明当测量粒子 1 在坐标本征态 $|x\rangle_1$ 时, 粒子 2 处在 $\left|x_1 - \sqrt{2}\eta_1\right\rangle_2$. 而当测量粒子 1 在动量 $|p\rangle_1$ 时, $|\eta\rangle$ 分解为

$$|\eta\rangle = \mathrm{e}^{\mathrm{i}\eta_1\eta_2} \int_{-\infty}^{\infty} \mathrm{d}p\, |p\rangle_1 \otimes \left|\sqrt{2}\eta_2 - p\right\rangle_2 \mathrm{e}^{\mathrm{i}\sqrt{2}\eta_1 p}$$

说明粒子 2 处在动量本征态 $\left|\sqrt{2}\eta_2 - p\right\rangle_2$, 而对粒子 1 的测量并未预先通知粒子 2.

$|\eta\rangle$ 表象的明确建立及其积分求和式的分解有利于玻尔对爱因斯坦挑战的回应, 因为玻尔在应答文章中指出: 当两个粒子经过一个短暂的相互作用分开后, 两个粒子的系统波函数不再是单个粒子的分离波函数的积. 因此, 处于纯态中的两粒子系统必须被看作一个单一的整体, 即使在两粒子停止了相互作用之后.

笔者与陈俊华用纠缠态表象和 IWOP 方法, 首次导出了激光的熵的演化规律.

纠缠态表象用于描写超导约瑟夫森结

纠缠态表象的另一优点是可以显示振幅-相位之间的关联, 有如下的本征方程:

$$\left(a_1 - a_2^{\dagger}\right)\left(a_1^{\dagger} - a_2\right)|\eta\rangle = |\eta|^2 |\eta\rangle \tag{1}$$

和

$$\mathrm{e}^{\mathrm{i}\Phi}|\eta\rangle = \mathrm{e}^{\mathrm{i}\varphi}|\eta\rangle$$

这里

$$\mathrm{e}^{\mathrm{i}\Phi} = \sqrt{\frac{a_1 - a_2^{\dagger}}{a_1^{\dagger} - a_2}} \tag{2}$$

是纠缠态的相算符.

$$\left[\left(a_1 - a_2^{\dagger}\right), \left(a_1^{\dagger} - a_2\right)\right] = 0$$
$$\left[\mathrm{e}^{\mathrm{i}\Phi}, \left(a_1 - a_2^{\dagger}\right)\left(a_1^{\dagger} - a_2\right)\right] = 0$$

所以它们可以同在一个“屋檐” $\sqrt{}$ 之下. $\mathrm{e}^{\mathrm{i}\Phi}$ 是幺正的, 相角算符 Φ 是厄米的. 再引入

算符

$$L_z \equiv \hbar\left(a_2^\dagger a_2 - a_1^\dagger a_1\right) \tag{3}$$

可见

$$\langle\eta| L_z = -\mathrm{i}\hbar\frac{\partial}{\partial\varphi}\langle\eta| \tag{4}$$

说明

$$\langle\eta|[\Phi, L_z] = \left[\varphi, -\mathrm{i}\hbar\frac{\partial}{\partial\varphi}\right]\langle\eta| = \mathrm{i}\hbar\langle\eta|, \rightarrow [\Phi, L_z] = \mathrm{i}\hbar \tag{5}$$

所以形式上, Φ 和 L_z 是正则共轭的. 以上的关系可以用来建立一个描写超导约瑟夫森结动力学机制的哈密顿模型. 约瑟夫森在 19 世纪 60 年代发现, 当两块超导体中间夹小于一个纳米的绝缘层(称为约瑟夫森结)时, 就会发生电子跨越此结的隧道贯穿效应. 费曼认为"电子的行为, 以这种或那种的方式, 是成对地表现的, 人们可以把这些'对'想象为粒子, 于是就可以谈及'对'的波函数". 他又说: "一个束缚对行为宛如一个玻色粒子." 既然电子对是玻色子, 几乎所有的"对"会精确地"锁"在同一个最低的能态上. 费曼认为隧道流效应是由两块超导体之间的相位差发挥了作用. 我们可以构建哈密顿量

$$H = \frac{1}{2C}\left[2e\left(a_2^\dagger a_2 - a_1^\dagger a_1\right)\right]^2 + E_j(1-\cos\Phi) \qquad \left(\cos\Phi = \frac{\mathrm{e}^{\mathrm{i}\Phi}+\mathrm{e}^{-\mathrm{i}\Phi}}{2}\right)$$

$E_j\cos\Phi$ 代表隧道贯穿, E_j 是耦合常数, $\cos\Phi$ 是厄密相算符, C 是约瑟夫森结的小电容, $2e$ 是电子对的电荷. 将 H 投影在 $\langle\eta|$ 表象, 得到

$$\langle\eta| H = \left[-\frac{E_c}{2}\frac{\partial^2}{\partial\varphi^2} + E_j(1-\cos\varphi)\right]\langle\eta| \qquad \left[E_c = \frac{(2e)^2}{C}\right]$$

用海森伯方程可以导出约瑟夫森结方程, 还可看出测不准关系

$$\Delta\left(a_2^\dagger a_2 - a_1^\dagger a_1\right)\Delta\cos\Phi \geqslant \frac{1}{2}\Delta\sin\Phi$$

右边的不为零就表示了隧道流的存在.

值得指出, 从连续变量纠缠态表象 $|\eta\rangle$ 和它的共轭态表象还可以导出相互共轭的两个诱导纠缠态表象, 其内积恰为贝塞尔函数. 这说明诱导纠缠态表象在数学物理理论中有重要的应用.

笔者和笪诚还用纠缠态表象处理有互感的两个电容-电感回路的量子化问题, 导出了新的能级公式与该复杂电路的特征频率.

研究量子论——“个人单挑”还是“团队攻坚”

纵观量子论的历史，使人想起一个问题，研究量子论是“个人单挑”还是“团队攻坚”好呢？就量子论的发展历史看，“个人单挑”是时势造英雄，而“团队攻坚”是英雄造时势.

回答前，先看一下量子力学的历史舞台人物:

普朗克在研究黑体辐射时孤身一人提出能量子.

爱因斯坦力排众议提出光子说.

德布罗意在第一次世纪大战的法国当气象兵，观察帐篷外的青蛙跳入池塘中荡漾开去的水波，得到启发，提出波粒二象性.

海森伯因病，形单影只在一个岛上养病而提出以后被波恩改进的矩阵力学.

薛定谔在一位未名女性的陪伴下写出波动力学的 4 篇论文.

玻恩只身提出量子力学的概率假设.

狄拉克在独自散步时想到量子对易括弧应是泊松括号的对应，并发明符号法.

泡利自己指出：在费米子组成的系统中，不能有两个或两个以上的粒子处于完全相同的状态.

提出自旋理论的乌伦贝克等二人的研究成果, 曾受到老一辈科学家洛伦兹的反对.

费曼自个从作用量出发提出路径积分的量子力学.

范洪义另辟蹊径提出有序算符内积分方法, 以发展符号法和建立纠缠态表象.

这些人并没有组成团队去攻坚, 而是"难关单骑挑", 但其勋业永垂不朽. 所以研究量子论并不是在什么声名显赫的研究中心和薪金高的地方就一定出重要成果.

那么这些前辈为什么能独行其是呢?

诚如爱因斯坦指出的: "第一流人物对于时代和历史进程的意义, 在其道德品质方面, 也许比单纯的才智成就方面还要大." 笔者恍然大悟, 原来他们都是科学道德高尚、对文明社会有责任感的人.

笔者有幸还读了爱因斯坦的另一篇文章《培养独立工作和独立思考的人》. 爱因斯坦在文中说: "要求得到表扬和赞许的愿望, 本来是一种健康的动机; 但是如果要求别人承认自己比同学、伙伴们更高明、更强有力或更有才智, 那就容易产生极端自私的心理状态, 而这对个人和社会都有害. 因此, 学校和教师必须注意防止为了引导学生努力工作而使用那种会造成个人好胜心的简单化的方法."

可以想象, 如果让爱因斯坦自己申请得什么奖, 他会如何面对.

如今的量子信息和通信, 还有量子计算机都是诱人的科学憧憬, 不是单打独斗能完成的了, 而是需要团队攻坚了.

从量子力学发展史说物理通感

"片言可以明百意, 坐驰可以役万景." 物理学家的睿智在于自悟渐通, 其目光能通透复杂现象而感觉到冥冥之中的天意（规律）, 慧觉圆通, 随变所适, 不滞不涩, 融通无碍, 此所谓物理通感也. 有通感, 则解惑顺畅也.

综观量子力学的诞生到现状, 就是一个从悟到通的发展进程, 理论创造的光辉普照了实验现象. 普朗克把长波辐射和短波辐射的能量曲线融通; 爱因斯坦把原子发射光的量子化和光的传播量子化融通; 德布罗意把粒子和波融通; 玻尔把光谱线的整数规律与电子轨道之间的量子跃迁融通; 海森伯、薛定谔在自己悟到的领域都力求做透、做深、做通、做美. 所谓不通一艺莫谈美. 然后, 又有狄拉克创造特别符号, 既能反映德布罗意波粒二象性, 也融通薛定谔表象和海森伯表象. 玻恩的概率波解释可以同时将德布罗意波粒二象性、海森伯不确定性和薛定谔方程解圆通, 可谓将物理感觉上升到物理通感. 范洪义的有序算符内积分方法也起到融通的作用, 如首次将牛顿-莱布尼茨积分与对狄拉克 ket-bra 积分贯通, 能把经典变换自然地过渡到量子幺正变换, 把量子力学的玻恩概率假设用表象完备性的有序算符的正态分布显示、把量子纠缠与表象形式融通等.

物理通感是把不同性质的物理感觉综合起来, 使之左右逢源地关联, 举一反三地引申，似曾相识地暗示，如拍电影的蒙太奇手法那样适时地在脑中切换表象，以达到新境界.

诚如古人说，有定识，然后可以读书. 物理通感是将“观物取象”和“化意为象”结合起来，在观察自然现象中心灵融万象. 这方面的高手在此基础上就能创造物理意境. 那么，物理意境与诗的意境有共同点吗？物理学家玻尔说：“就原子论方面，语言只能以在诗中的用法来应用，诗人也不太在乎描述的是否就是事实，他关心的是创造出新心像.”心像就是从“惚恍”中悟出的精灵，老子《道德经》中写的“视之不见，名曰夷；听之不闻，名曰希；抟之不得，名曰微。此三者不可致诘，故混而为一。其上不皦，其下不昧。绳绳兮不可名，复归于无物。是谓无状之状，无物之象，是谓惚恍。迎之不见其首，随之不见其后。执古之道，以御今之有。能知古始，是谓道纪”，则是心像闪现前的“蒙太奇”。

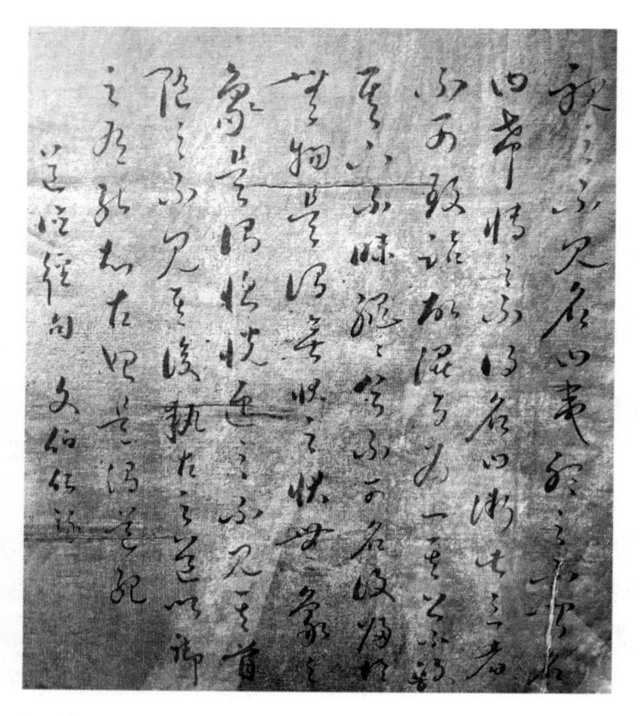

明代文伯仁节录《道德经》

正如“东坡月黑看湖光，升庵更深看新月，俱于人所不到处得妙境”那样，伟大的物理学家，例如牛顿、菲涅尔、哈密顿、爱因斯坦、玻尔和费米等，也是在常人没有感觉到的地方觉察到了什么，其物理通感似乎是与生俱来的，在此基础上他们创造了物理意境. 学习量子力学必须达到某种意境.

量子力学之美、妙

抚今追昔话量子, 讲到这里可见量子力学之道深矣. 笔者曾和不少学习量子力学一学期后不久的学生聊天, 问他们学后的体会, 得到的回答大都是差不多忘了. 这说明他们没有做到得于心而会于意, 故体会不到量子力学之美. 所以在此聊一下如何欣赏量子力学之美.

近代美学家朱光潜先生提出: “美不仅在物, 亦不仅在心, 它在心与物的关系上面. 但这种关系并不如康德和一般人所想象的, 在物为刺激, 在心为感受; 它是心借物的形象来表现情趣. 世间并没有天生自在、俯拾即是的美, 凡是美都要经过心灵的创造.” 这也印证了王阳明的看花论——只有用心感受量子力学的人才能体会到它的美.

综观量子力学历史舞台上的角色的表演, 我们可以体会到量子力学之美是经过他们心灵的创造的结晶. 与单纯的欣赏山水、花鸟不同, 只有真正了解量子力学的来龙去脉, 才能体会其美. 其中, 狄拉克符号和有序算符内积分方法赋予量子力学以简洁美.

“心物感应” 量子力学之美, 尤其是有序算符内积分方法所发掘的美, 使得笔者对目前量子力学的正确性坚定了信心.

量子力学的美是睿智物理学家心灵创造的, 这犹如人们常说的 “美丽江山如画”.

分明是浩瀚而美不胜收的大自然实在，画家偏偏要将它比喻为画，所谓“江山如画”，然后设法将三维的活生生的场景投射到二维的纸张上，即将它画下来，装裱起来，贴在墙上．如清代文人李渔所写：“已观山上画，更看画中山．”这是画家通过写自然之性来表达自我之心的历程．山水经过画家的笔墨明亮了起来．李渔用的“更”字意味无穷．

古代名画家用“散点透视法”或“积累远近法”作画，不受时空的限制，其笔下的山水变幻莫测，气韵生动，静中有动，实里透虚，风骨清奇又雄伟古厚．完成了从接近山水到美于山水（摄影作品）的飞跃，把自然界的无限风光尽收眼底．能到达这样境界的画家几百年才出一位．近现代伟大的山水画家黄宾虹认为一位好的画家的成长过程有四个阶段：一是登山临水；二是坐望苦不足，相看两不厌，师法自然；三是山水我所有，画家要心占天地；四是三思而后行．这三思是指：画前构思，笔笔有思，边画边思．此论值得物理学人借鉴．笔者曾说：物理学家是描绘自然界的写意画家，先从实验悟理论，再由理论预计实验．黄宾虹所言的三思，物理学家都有体验．不但如此，物理学家还有更高层次的写意自然，那就是思维性的实验．在这方面，运用自如的是爱因斯坦了．没有他的思想实验，就没有广义相对论，没有引力波．

然则，明明是先有江山后有画，为什么不说“画如江山”而说“江山如画”呢？难道江山只有在人们的心目中有了感觉才是江山吗？

黄宾虹先生的《江山如画》图

“江山如画”说，表达了画家遗貌取神、发挥主观能动性和抒发审美心理之境界，是对所画之物有一个宏观的把握，摆脱现实时空观念的限制和自然属性的制约，使有限的画面空间获得表现的自由．具体说来，就是画家将大好河山、五岳之状、四海之阔，皆纳入胸中，尽收眼底，使万象从无序到有序依其精神游于物外，是一种高于现实山水的境界.

那么，对于物理学家，究竟是“自然入理”还是“理入自然”呢？还望有识之士教我.

量子力学如此之美，却又为何难学呢？大物理学家玻尔为它晕，费曼说它说不得，笔者以为这是因为它介于可言与妙不可言之间. 可言者，通过语言或数学语言体悟道境，道可道；妙不可言者，神奇而难以阐述，非常道. 自普朗克发现量子后，海森伯、玻恩以矩阵力学言之，薛定谔以波动力学言之，狄拉克以符号法概而言之. 符号法可言明波粒二象性，二象之波性出薛定谔方程和波函数，二象之粒子性释光电效应，可谓言者明象，象者释意. 德布罗意的波粒二象实际上是妙不可言的，人们暂时屈就以概率假设言之，引起爱因斯坦的不满. 而量子纠缠更是妙不可言，却还达不到庄子说的境界“言者所以在意，得意而忘言”，倒是应了南唐李煜说的“剪不断，理还乱”.

量子力学之奇巧

量子力学理论是鸿篇巨制之创新，创新体现了奇巧．而贡献于此者只限于少数几个人．

所谓奇巧，奇是出人意料，甚至荒诞，却也巧合；继而又觉合乎情理与逻辑，巧夺天工，啧啧称奇．

奇巧之一：人类史上几个百年才现身的智者都于 1900—1940 年不约而同地来到欧洲，共商量子大计．代表人物是普朗克、爱因斯坦、玻尔、德布罗意、海森伯、薛定谔、狄拉克、泡利、玻恩．

奇巧之二：波粒二象性对应薛定谔-海森伯两种力学形式，好似中国古代的太极描述．

奇巧之三：薛定谔形式重在叙述微观系统状态，海森伯形式从是否可观测（算符）出发．而中国古代的心学两者兼之．

奇巧之四："算符排序缠不休"——测不准原理，对应"同时观察象模糊"——概率假设．

奇巧之五：费米子-玻色子对应中国古代阴阳学说．

奇巧之六: 狄拉克符号能融合薛定谔-海森伯两种力学形式.

奇巧之七: 狄拉克符号 ket-bra 是可以积分的, 表象的完备性可以表达为有序算符的二项分布形式——一种概率统计分布.

奇巧之八: 在量子力学中, 特殊函数恰好起了表象变换的积分核的作用. 例如, 相互共轭的两个诱导纠缠态表象, 其内积恰为贝塞尔函数.

奇巧之九: 经典相空间相体积（吉布斯相点集）的辛演化不变定理需重新讨论, 因为相点 x 和 p 不能同时精确地被测量, 在量子统计情形应该改为描述相干态辛演化, 可推导出量子光学的 ABCD 定理（几何光学近轴光线传输的 ABCD 定理, 描述光线经过单球面、平面镜和薄透镜空间的传输和成像规律, 是矩阵光学方法的一个内容）.

这些难道是偶然的吗?

从韩愈到普朗克

量子力学的深入发展, 愈发地表明系统与观察者是不可割裂的. 其实, 这种思想早在我国古人文学作品中就有所体现.

韩愈是古文学家, 殊不知他还是一位善于将物理现象拟人化的高手. 在《送孟东野序》一文中他写道:

大凡物不得其平则鸣: 草木之无声, 风挠之鸣. 水之无声, 风荡之鸣. 其跃也, 或激之; 其趋也, 或梗之; 其沸也, 或炙之. 金石之无声, 或击之鸣. 人之于言也亦然, 有不得已者而后言. 其歌也有思, 其哭也有怀, 凡出乎口而为声者, 其皆有弗平者乎!

大致之意为:

凡各种事物处在不平时就要发出声音: 草木没有声音, 风摇动它就发出声响. 水没有声音, 风震荡它就发出声响. 它的腾涌, 或是受到激励; 它的趋向, 或是受到梗塞; 水花沸腾, 或是有火在烧煮它. 金属石器本来没有声音, 有人敲击它就发出音响. 人的说话, 也是这样, 不得已时, 才开口讲, 或唱或泣, 体现情思胸怀……

韩愈的文章也体现了中国文人"天人合一"的精神, 他写道:

维天之于时也亦然，择其善鸣者而假之鸣．是故以鸟鸣春，以雷鸣夏，以虫鸣秋，以风鸣冬．四时之相推敓，其必有不得其平者乎？

其大意为：

上天对于季节，也是如此．选择了善鸣的，借它来鸣．所以用鸟来鸣春，用雷来鸣夏，用虫来鸣秋，用风来鸣冬．四时的相推演，也许必有不得它的平衡么？

其实，上天这个概念是古人对自然崇拜的尊称，上天的形象就是古人心目中想象塑造的．韩愈后来的苏轼写的《前赤壁赋》里表述的天地物我观也是如此．清代方薰也说："物本无心，何与人事？其所以相感者，必大有妙理."

中国古人的这种思想，后来也为伟大的物理学家、量子的发现者普朗克认识到，他在晚年时写道：

科学无法解决自然界的终极奥秘．这是因为，分析到最后，我们自己就是我们要解决的谜团的一部分．

其英语原文为：

Science cannot solve the ultimate mystery of nature. And that is because, in the last analysis, we ourselves are a part of the mystery that we are trying to solve.

物理感觉的无我之境

说起某人思想好、品行规, 是谓有境界之人. 笔者的体会, 物理学家在探索自然规律时, 也有境界. 何为境界呢? 翻开王国维的《人间词话》书, 内中写道: "境非独谓景物也. 喜怒哀乐, 亦人心中之一境界. 故能写真景物, 真感情者, 谓之有境界. 否则谓之无境界." 他进一步指出:

有有我之境, 有无我之境. "泪眼问花花不语, 乱红飞过秋千去.""可堪孤馆闭春寒, 杜鹃声里斜阳暮." 有我之境也. "采菊东篱下, 悠然见南山.""寒波澹澹起, 白鸟悠悠下." 无我之境也. 有我之境, 以我观物, 故物我皆著我之色彩. 无我之境, 以物观物, 故不知何者为我, 何者为物.

叔本华的一段话可用来注释无我之境: "每当我们达到纯粹客观的静观心境, 从而能够唤起一种幻觉, 仿佛只有物而没有我存在的时候, 物与我就完全融为一体 (《世界是意志和表象》) ." 也就是说, 我与其他景物融为一个和谐的境界, 我观物, 就是物观物, 故不知何者为我, 何者为物了.

物理是一种生活方式. 一个优秀的物理学家能悟出自然原理包孕着自我. 举例来说, 当伽利略在平滑的水流上舟行时, 当众人只顾及景物时, 他却悟出了“封闭舱中不能分出是否真正在动”, 在理解世界的过程中得到心灵的静静满足. 这可以说是“无我之境”.

渐入佳境

物理学家常把自己想象为置身于物理系统中的一个子系统, 这样的思维似乎进入了无我之境, 而实际上如今的量子力学主观观测都要影响客体, 故还是有我之境.

附一　何锐《抚今追昔话量子》读后记

“抚今追昔话量子”是一个诱人的话题，范老师在书中主要是站在中国古圣先贤的视角来展开这个话题的．但是我们知道量子论肇始于1900年普朗克的能量子假说，如果追溯往昔，在中国古代根本就没有系统的物理理论，那么量子论又从何谈起？但事有因缘巧合，人类文明的价值不能全部归属于科学理论带来的物质福利，量子玄机至今无人能够道破，而恰恰东方人尤其是中国古代圣哲的思想和理路与量子论恍惚有着相契之处．别的不说，西方的物理学家玻尔自己设计的自家家族的族徽就是中国的太极图，采用这个比附，说明玻尔认为太极思想与波粒二象性的理念有异曲同工之妙．太极，既不是阴，也不是阳；既不是动，也不是静．如果你从动的角度去考察它，它就显示出动的性征；如果你从静的角度去考察它，它就显示出静的性征．对于阴阳也是一样．我们再看波粒二象性，观察者如果从波的角度考察微观客体，它就显示出波动性；如果从粒子的角度去考察它，它就显示出粒子性．

本书开篇范老师引用了梁启超先生所言：“中国学问界，是千年未开的矿穴，矿苗异常丰富，但非我们亲自绞脑筋、绞汗水，却开不出来．”要在中国的古典文化中找到连接量子论的矿脉，须要在量子力学上做过独到贡献的人，而范老师恰是一个在此领域独领风骚的人, 且有着非常深厚的古典文化修养. 唯其如此, 才能洞察秋毫, 明辨物理, 方可做到"道通天地有形外, 思入风云变态中". 诚如他所言: "量子的时髦, 自然引来众说纷纭, 唯在量子园地里'种过树'的人才可能有较深刻的体会. 作者历经 50 多年的理论探索, 对发展量子力学略有建树, 如何结合中国古贤(庄子、王阳明、王夫之、袁宏道等)的思辨较好地理解量子论, 抚今追昔, 是本书的宗旨." 所以, 范老师对古典文化矿藏的探究和开发, 往往独具慧眼, 发前人之所不能发, 道今人之所不能道.

中国传统文化认为, 大道其实是相通的, 对物理、人理和天理的最高形式的把握就是悟道. 由简入繁易, 由博返约难, 所谓悟道, 就是能达到融会贯通之境, "吾道一以贯之". 《论语》言: 子绝四——毋意、毋必、毋固、毋我, 佛家言不可着相, 一个人一旦心思拘执, 泥于成规, 便不是一个通人, 充其量只能做一个专家. 唯悟才能通, 悟的正是由特殊到普遍进而归一的大道. 在我看来, 爱因斯坦就是一个悟道了的通人, 不是专家. 如不然, 他是不可能突破原始的牛顿时空观而发现相对论的. 其实, 量子论体系的建立, 也是众多物理学家渐悟渐通的结果, 正如本书所言, "综观量子力学的诞生到现状, 就是一个从悟到通的发展进程. 普朗克把长波辐射和短波辐射的能量曲线融通; 德布罗意把粒子和波融通, 能量、动量偏向于粒子性, 频率、波长偏向波动性; 爱因斯坦把原子发射光的量子化和光的传播量子化融通; 玻尔把光谱线的整数规律与电子轨道之间的量子跃迁融通; 海森伯、薛定谔在自己悟到的领域都力求做透、做深、做通、做美. 所谓不通一艺莫谈美. 然后, 又有狄拉克创造特别符号, 既能反映德布罗意波粒二象性, 也融通薛定谔表象和海森伯表象. 玻恩的概率波解释可以同时将德布罗意波粒二象性、海森伯不确定性和薛定谔方程解圆通, 可谓将物理感觉上升到物理通感." 量子世界, 森罗万象, 何其不同又何其相似, 无不体现大道归一! 用范老师的诗来说就是"千秋几人圣, 万象一式描".

范老师对古人思想的取采, 又可谓别有蹊径, 独抒新意. 比如, 《曾国藩谈精神(能量)的断续》一节中, 他指出曾氏的"断者出处断"可以用来描述电子从一个轨道跃出, 实现轨道间的跃迁; 而"续者闭处续"则说明电子处在封闭的轨道上, 很稳定地持续着这个状态(定态). 这是很独到的见解. 在本书中, 让人称奇的段落很多, 就不一一枚举. 读者当知, 奇思妙想皆是会处, 片言寸语无非功夫. 范老师将多年精思纯虑, 汇集成册, 融物理、人理和天理于一炉, 真是非常可观.

就我而言, 在对客观世界的认识上, 觉得和范老师是一致的. 我一向以为, 客观世界是存在的, 但因人认识世界的方式依赖于我们的感官, 而我们的感官生而受限, 所以我们对世界的认识是有一定限度的, 也就是说, 所谓的物理学既有取决于我们的感官的部分, 又有一定的客观性. 这就不难理解范老师在此书中所说的"在某种意义上, 物理是一种多元的描述自然的文化, 寻求规律可谓劈空抓阄, 故它在理性思维上高于普通文学.

这就是为什么物理学家要在认识论上下点功夫，不至于误入歧途或随心所欲地解释．换言之，物理学家，尤其是搞理论的，要有基本信仰”这段话．再比如说，范老师在谈他发明有序算符内积分方法的灵感就来自想象自己是外星人，有特异功能，能一眼将不可交换的算符看作可交换的，大脑中能自动地将无序的算符排列成某种有序的结果．特别是《以正态分布理解玻恩的概率论》这一文，范老师将感知这个要素极为自洽地融入量子论的发现中，这些都颇具启发意义，读者不可不察．

此外，在《从光子的产生－湮灭机制谈量子力学的必然》这一文，范老师引入“不生不灭”这一观念，强调了用生灭次序的不可颠倒性来解释玻色产生、湮灭算符的不可对易性，从而自然而然引出量子力学，这一解读非常合理且寓涵了一定的哲理．“问渠那得清如许，为有源头活水来”，正是由于作者具有深厚的文化底蕴和多视角的思想维度，才能涌现出如此鲜活的思想．

大匠能示人规矩不能示人巧，但本书的题材却融巧妙与精思于规矩之中．它也是一本弘扬古人智慧的有故事的书，读来才知道原来我们的先人是如此治学有方．

附二　吴泽《抚今追昔话量子》读后记

范老师是个有趣的忠厚长者.

若干年前学校大礼堂前面那栋破旧的四层楼将拆未拆的时候, 当时还在读大三的我是个社团的小部长, 每天在一楼的办公室值班. 范老师则住在二楼, 同样住在二楼的, 还有一只小猫, 它是范老师散步时捡来的. 范老师恢谐地说: 这可能是薛定谔的猫吧! 除了猫, 范老师散步的时候还经常捡一些其他有趣的东西回来: 比如说一些外人看似无用但在范老师手中能变废为宝的材料; 比如说一些外人看似无聊实则有趣且深刻的想法……那些日子, 我在楼下自学量子力学, 白天范老师偶尔会路过, 顺便教我一些量子力学的计算技巧, 包括他发明的 IWOP 方法. 晚上的时候, 那只猫则会跑过来串门, 它倒不会教我什么知识, 相反会顺走一点我和同学的零食. 作为交换, 它会乖乖地让我们抚摸一小会儿. 至于那只小白兔, 则自觉缩在楼上某个房间的角落里, 范老师的学生任益充和郭萍每天都会扔些菜叶或萝卜给它.

"还挺怀念那段无忧无虑的日子." 我一边整理着这本书稿一边感慨. 而这段回忆无非是想展示给读者一个真实的范老师的形象: 他确实是个有趣的长者. "有趣的灵魂万里挑一", 这句话用在范老师身上甚至让我感觉有点滥俗. 因为范老师的 "有趣", 不同于年轻人肤浅的嬉皮，亦没有喜剧演员的做作，尤其不包含任何圆滑之感．范老师的有趣，是安静且深刻的，常常包含一份豁达，偶尔也会带有棱角．这种有趣如同精粹：原材料融合了现代物理思想和古代文人风骨，再以五十多年沧桑岁月慢火熬制提取出来．刚入口往往难以立刻体会到，但耐得住反复细品且回味无穷．中外古今大约就独此一份吧．

而这也正是这本书的特点．书中的许多想法乍一看会一脸疑惑，稍微想想似乎有点道理，仔细品味到其中的妙理后又往往能会心一笑：竟能如此这般．举个非常简单的例子，当下正值新冠肺炎肆虐全球，范老师的后记中提到《封神演义》中的哼哈二将的攻击方式是喷出带病毒的飞沫．头一次听范老师讲这个观点的我感到有点牵强，直到范老师发了一张哼哈二将的图片给我（见后记），我看完笑了半天．而这算是书中较为浅显的趣味了，书中还有一些趣味想要体会到则是需要有理学和文学知识的．比如说书中将产生-湮灭算符类比成“从口袋里数钱”的操作，不仅仅类比了光的粒子特性，还引入了“不生不灭”的哲学诠释，自然而然地得出产生-湮灭算符的对易子等于 1 的结论．由表及里，展现的是语言的魅力，更是思想的魅力．想到这里我也突然领悟到书名“抚今追昔话量子”的用意了——古代汉语的表现力是博大精深的，现代量子力学的内涵亦是深不可测的，而范老师这本书做的事正是利用前者的表现力表达出了后者的本质内涵．这本书通篇读下来后，我能够从曾国藩的《冰鉴》中体会到能量量子化；能够从张若虚的《春江花月夜》中感受到光子的二重性质；也能够从王阳明的观点中领略到量子测量的客主互动……

有趣的观点看似轻描淡写，实则能给读者带来会心一笑．在我看来这背后却是范老师的呕心沥血日夜耕耘，以及他数十年如一日奋战在科研及科普一线的积累．“士不可以不弘毅，任重而道远．仁以为己任，不亦重乎？死而后已，不亦远乎？”《论语》中这句话概括得很准确，而范老师的名字恰好就叫“洪义（弘毅）”，我不认为这是个巧合，有些事情，或许从一开始就已经注定了．《论语》中讲的是弘扬“仁”，而范老师坚持不懈弘扬的则是“理”．是自然哲理，是物理，也包括他本人发明的数学物理方法——IWOP．大多的科普写作者，往往人云亦云，在讲到关键处却不知来龙去脉，往往以讲花絮的方式“暗度陈仓”，更遑论融会古今、提炼出历来圣贤们的思想精粹．而范老师本身就是一位物理学家，自然深谙其所以然；他发明的 IWOP 方法使其能够从悟到通，对量子论抽象出新的解读．此外，他科研之余常常流连于古籍书摊，探寻过诸多文人古迹，仰慕他们的气节，甚至平时还有写诗作赋的习惯．

本书能够从时间的长河中“淘沙寻金”，找到了很多古贤言论中能与量子理念相契合的段落，语句精炼，思想深邃．试想曾国藩与普朗克、庄子与马赫、王夫之与海森伯……中国古代圣贤们和近代物理学先驱们的思想交集，会是何等地绚烂夺目！若问谁能在渺如烟海的文献中发掘这些人的思想交集，然后引经据典，融会贯通，写出这样一本有趣的书？除了这位有趣的长者，我还真想不出有其他人能够做到．正因为如此，我逐渐理解了范老师这种日夜耕耘的精神的来源——因为有些事情，是注定需要他来做的，也只有他才能做；而留下来的东西，必然能经受住时间长河的检验，成为后人宝贵的财富．所谓“任重而道远”，大抵如此．

“太上有立德，其次有立功，其次有立言，虽久不废，此之谓不朽．”愿范老师继续耕耘，在科研及科普的道路上，多产且长寿！

后记

我虽然研究量子力学几十年, 发展了狄拉克的符号法和爱因斯坦的纠缠态表象, 写过不少有创意的科研论文, 还连续六年被 Elsevier 网站评选为中国文章被高引用的物理学家, 但迟迟不敢动笔写这方面的科普书, 怕写得不到位, 给读者以误导, 真是“欲说还休”. 因为我始终牢记物理学家、X 射线的发现者伦琴的教诲: “物理是一门必须用老老实实的努力来证实的科学. 也许有人能用某种方式来解释一个问题, 使外行的听众误信他们已经理解了这个讲演. 可是这等于进一步传播了肤浅的知识, 这比不通俗化更坏, 更危险.” 再说, 西方学者写量子科普的已经很多, 尽管这些作品写得功力不够, 更谈不上深刻而又简洁地阐述量子的来源及其相关的科学思维.

但如今老了, 心游太古无为境, 诀授常新不老书, 想起那些中国古代先贤的治学精神, 值得我们后人去发现其遗珍并分析继承之. 再者说, 量子力学的一个特征是其中的基本问题似乎得到了解决, 但是过了一阵又会以新的形式出现而纠缠着物理学家. 所以我还是静心着手写这本《抚今追昔话量子》. 但抚今追昔难度大, 对作者的要求很高.

第一难, “不尽知, 则不能要言之”.

即便是对脍炙人口的中国古代寓言，也很难说已经透彻了解其寓意．例如早在读小学时，我就知道了《郑人买履》是先秦时代的一则寓言故事．它既是一个成语，也是一个典故，但它更是一则寓言，主要说的是郑国的人因过于相信“尺度”，造成买不到鞋子的故事．揭示了郑人拘泥于教条的心理、依赖于数据的习惯．原文如下：

郑人有欲买履者，先自度其足，而置之其坐，至之市，而忘操之，已得履，乃曰：“吾忘持度．”反归取之，及反，市罢，遂不得履．

一般认为：郑人放着真脚不用，却跑回家取鞋样子，真是愚蠢之至！这则寓言讽刺了那些墨守成规的教条主义者，说明因循守旧，不思变通，终将一事无成．

但如今，当我将这则寓言与物理学家伽利略测量单摆周期的故事做一比较，恍惚感到不能一概地否定这位郑人的作为．要知道，物理先驱伽利略曾以自身的脉搏作为时间的量度发现了单摆的周期与摆动振幅无关（在小振动的情形），而这是有条件的，即必须事先承认伽利略的心律恒定和精确．但当时并没有这样的计时器．倒是后来伽利略建议医生用单摆原理做节拍器来测量人的心跳速率．

所以我隐约觉得古代的郑人有伽利略的作风，他先测量自己脚的尺寸，作为以后用的标准．就像伽利略先用自己的心律测了单摆律，而以后他只倚靠单摆计时，不再用自己的心律了．难道郑人的思维超前伽利略了，有将观测结果量化、定格的思想了？

清代驿站之间的距离图，似为受郑人量足码之启蒙

我这样想着比较郑人与伽利略，对不对呢？自己也无把握.

历史上，郑人的举动是否启示了商家觉得在生产鞋时就标好尺码，便于顾客选鞋，进而规范化呢？我不得而知也.

于是询问一些有识之士. 有倪公（倪瑞）回函曰："这个想法很有哲理. 郑人以脚定尺，再以尺量鞋. 伽利略以脉搏定钟摆，再以钟摆量事物运动时间. 牛顿以绝对时空观定相对运动，再解释行星运动规律. 爱因斯坦以绝对光速为前提定相对时空，再以时空相对性解释高速宏观运动. 玻尔以观测行为决定量子结果，再以量子规律解释微观世界."

第二难，如孟子曰："博学而详说之，将以反说约也." 即指学成广博之后，更撮其精要，复而归于简约. 这个从广博至简约是需绞尽脑汁的，更何况需要比较量子力学先驱的众家之言. 爱因斯坦说：在物理学史中总是一再出现两种一直完全互不相关的、由两类不同的研究者所关心的物理学思想范围——例如光学和热力学，或者是伦琴射线的波动理论和晶体原子理论——它们不期而遇并且自然地相结合. …… 这些相互结合的理论，即使不包含完全的真理，终究也包含了与人类的附加因素无关的客观真理的一种重要的内核. 否则，它们的结合只能够解释为奇迹. 物理学史的思想必须是把这样的事件尽可能明晰地刻画出来.

第三难，而要成一家之言，是为难上加难也. 好在我因为发明了有序算符内积分方法，发展了狄拉克的符号法，才能对量子力学的有些问题洞若观火，才有信心和能力来写一本稍有特色的书，所谓艺高人胆大. 再则，我一向关注有贡献的西方物理学家的思维方法，曾编著了《物理学家的睿智和趣闻》一书，对于写好手头的书有些把握.

第四难，中国古人关于自然界的统一和谐的思想（西方人称之为东方神秘主义）可以说是十分"玄"的，我们不知古人们是如何想到的. 例如明代许仲琳写的小说《封神演义》中有哼哈两将的故事，一名郑伦，能鼻哼白气制敌；一名陈奇，能口哈黄气擒将，两将盛气凌人，气势汹汹. 当他俩各代表西岐和商纣交战时，哼哈出的气互伤对方. 他们是否是靠从呼吸道哼吐出的飞沫伤人，书中没有交代，但从 2020 年初的新冠肺炎传播途径来推想，不正是因为他俩哼去哈来的飞沫中有新型冠状病毒才使其阵前对手吸入肺中后迅毙的吗？他俩是带病毒的超级传播者，其气场如此之强，以至于别人即便戴口罩也徒劳. 许仲琳如此之奇谲的想象力居然在当下有现实的社会反映，难道不神秘吗？

综观量子力学的舞台，理论家大角色是普朗克、爱因斯坦、玻尔；稍后出场的主角是德布罗意、海森伯、薛定谔、狄拉克、玻恩、泡利；再有维格纳、费曼、朗道、福克、贝尔等. 近年来，在量子信息的舞台上也出现了若干大角色，不一一列举.

这说明当物理发展进程中新的观点刺激一门新学科诞生时，总会有十来位以一至两位天才人物为中心的杰出人物应运而生. 这十来人只能把这门新学科部分地表现出来，而中心人物则预示了全貌.

民间哼哈二将画像（左郑伦，右陈奇）

我因为“侥幸”看出狄拉克符号法的不足之处，匪夷所思地发明了 IWOP 方法. 说匪夷所思是有两层意思：一是那么多物理大家在狄拉克发明符号法后的半个多世纪内都没有想到要对 ket-bra 算符实行积分；二是解决此问题的 IWOP 方法本身也是很难想到的. 我实现了狄拉克生前要发展符号法的愿望，可算是量子力学舞台上的小角色了. 说“小”，因为我的学术“出身”不在西方大学，也未有机缘在物理大师门下学艺，但我这角色是不可或缺的，即便是在狄拉克的光环下. 因为符号法只有在伴上 IWOP 方法后，才使得我们看不见作者的存在，而只是欣赏巧夺天工、天衣无缝. 古人云：“天下之文，莫妙于言有尽而意无穷.”IWOP 方法是用之不竭的，其意无穷矣！

IWOP 方法的发明源于“不愤不启，不悱不发”. 如清代袁中道说的，“聪锐者易放，鲁钝者难入，岂诚有聪锐鲁钝之人哉？无真志耳……”太史公写《史记》是圣贤发愤之作. 明代学者李贽评《水浒传》，认为作者施耐庵虽身在元代，而心在宋代. 实愤宋事，愤徽钦二帝被掳，故在书中后半部写宋江领人破辽以泄其愤. 又愤康王南渡之苟安，则称灭方腊以泄其愤. 但后半部比起前半部来，就故事性和艺术性来说，都有天壤之别. 而我的“愤”，是由于遍阅物理教科书中介绍对物理有杰出贡献的，没见到有一位物理学家是出生在中国，而且学业也是在中国完成的. 我的激愤就是要通过自己的努力，使得将来的量子力学教科书上有这样的成果介绍，它是土生土长的中国人的贡献，能给中国人长脸. 我无意也无信心与国内显赫比肩，但是我不愿看到中国人在物理领域老是望他国人之项背. 让西方人在某一局部也领教一下中国人的智慧与才情吧！

我有发愤之抱负，才得以自“启”自发，这迫切求知迸发出了潜智.

接下来是“悱”，想要在物理教科书中记载中国人的贡献，必须在物理大师的名著或论文里找疑点、提问题．我在狄拉克的《量子力学原理》中找到如何对 ket-bra 算符积分的问题，在爱因斯坦 EPR 佯谬的论文中发现求两粒子相对坐标和总动量的共同本征态问题．这些问题的解有基本的重要性，有普及教育的意义和长久不衰的科学价值，形式又简洁漂亮，故迟早会上教科书的，所谓金子难掩其发光也．

写书其实是一个整理思想、提纲挈领、行云流水的过程，即便有丰富的内容可写，也需要作者闭户潜修，扪心思索．我把知识看作一条蜿蜒的河流，寻远脉，观起伏，聚百川，汇洪流．具体写作时，意到即笔，不予滞留，并随身带一小本，用著于录，常阅新注，以备温故．

专著必须是作者自己的研究心得，有另辟蹊径、推陈出新、别开生面之特点，与别家的书无相似处．内容决定形式，具备了以上三个特点，作者才能在写作时充满自信，笔耕不辍．

在写作中，我增长了对柳宗元、王夫之、顾炎武等先贤的崇敬之心，他们都是饱受仕途挫折之人，却能写出如此深刻的治学心得．心静如止水，是他们得以成就的一个原因吧．

我对罗钦顺、王思任等人的见解也很钦佩．再则，能为先贤们的思想与言论做一些物理理念的解读，行文学家和史学家之不能，即便辛苦，也是责无旁贷．

本书既是一本专著，却具科普性与文学性，又得结合科学史和哲学概念，故写作时颇感挑战性．如今侥幸完成，难免有缺憾也．

有诗为证：

混沌初开便量子，只是当年无禅师．
精神断续又振作，物质波动却粒子．
后羿射日惧紫光，夸父逐日终累死．
我缘狄氏符号法，算符积分成新知．

我的一些书友看了本书的初稿，觉得应该让它享誉海内外，中国科学技术大学的一位校友范悦特意把《引子》中的第二段翻译成英文如下：

The introduction of quantum was led by Planck's reluctant move (curve fitting) in 1900 to “make up”the experimental curve of blackbody radiation for the theory. This move then quickly became a flag summoning wind and rain. Many streams gathered into a river, riding on the wind and moving forward with great force, eventually resulting in the prevailing trend of quantum popularity today. It is the collective wisdom of a few revolutionary people who complements each other, or it is the times that create heroes. The fashion of quantum naturally attracts different opinions, only those who have "planted trees"in the quantum field may have a deeper understanding. After more than 50 years of theoretical exploration, the author has made some contributions to the development of quantum mechanics. How to leverage the ideology of ancient Chinese sages (Zhuangzi, Wang Yangming, Luo Qinshun, Wang Fuzhi, Yuan Hongdao, etc.) to understand quantum theory better, and to reflect the past in the light of present is the purpose of this book. The book not only looks back and respects the history and characters of the western quantum mechanics creation, but also compares it with the advanced and desirable aspects of the Neo-Confucianism of ancient Chinese sages, so that the basic beliefs of ancient sages can be referenced by people today.

The book starts with the macroscopic quantum phenomena around people, while discussing the rational thinking of China and the West related to the development of quantum mechanics. In the second half of the book, the author proposes his integration theory of Dirac symbols to evolve ideas of quantum mechanics. The author also shares his own interpretations of quantum mechanics that you will find it shallow yet deep, straight yet flexible, and fascinating.It is helpful for quantum experimenters and theorists to improve their caliber in epistemology, and it is also suitable for all people interested in quantum to read as an introductory book.

对此我表示由衷的感谢!

范洪义

2020 年 4 月

量子科学出版工程

量子科学重点前沿突破方向 / 陈宇翱　潘建伟
量子物理若干基本问题 / 汪克林　曹则贤
量子计算:基于半导体量子点 / 王取泉　等
量子光学:从半经典到量子化 / (法)格林贝格　乔从丰　等
量子色动力学及其应用 / 何汉新
量子系统控制理论与方法 / 丛爽　匡森
量子机器学习理论与方法 / 孙翼　王安民　张鹏飞
量子光场的衰减和扩散 / 范洪义　胡利云
编程宇宙:量子计算机科学家解读宇宙 / (美)劳埃德　张文卓
量子物理学.上册:从基础到对称性和微扰论 / (美)捷列文斯基　丁亦兵　等
量子物理学.下册:从时间相关动力学到多体物理和量子混沌 / (美)捷列文斯基　丁亦兵　等
世纪幽灵:走进量子纠缠(第2版) / 张天蓉

量子力学讲义 / (美)温伯格　张礼　等
量子导航定位系统 / 丛爽　王海涛　陈鼎
光子-强子相互作用 / (美)费曼　王群　等
基本过程理论 / (美)费曼　肖志广　等
量子力学算符排序与积分新论 / 范洪义　等
基于光子产生-湮灭机制的量子力学引论 / 范洪义　等
抚今追昔话量子 / 范洪义
果壳中的量子场论 / (美)徐一鸿　张建东　等
量子信息简话 / 袁岚峰
量子系统格林函数法的理论与应用 / 王怀玉

量子金融:不确定性市场原理、机制和算法 / 辛厚文　辛立志